贵州省水利厅 2020 年计划项目 KT202001

变化环境下贵州烟水工程抗旱减灾能力评估与提升对策

朱晓萌　齐青青　张泽中　著
王　飞　常　跃

黄河水利出版社
·郑州·

内 容 提 要

针对旱灾破坏贵州烟草高产稳产进而影响烟农增收与脱贫致富的问题,本书以贵州烟草干旱和烟水工程为研究对象,在理论和实践两个层面上进行深入研究。本书主要内容包括:绪论、研究区域概况、变化环境下贵州烟草干旱与旱灾时空分布规律、干旱对烟草的影响分析、贵州烟水工程与干旱灾害分布匹配程度、典型县烟水工程抗旱减灾能力评估、贵州烟水工程抗旱减灾能力提升对策、烟草抗旱减灾技术创新、结论与建议。

本书可为贵州烟草增收、助力脱贫攻坚、保障农村饮水安全和防灾减灾管理提供科技支撑。

图书在版编目(CIP)数据

变化环境下贵州烟水工程抗旱减灾能力评估与提升对策/朱晓萌等著. —郑州:黄河水利出版社,2022.7
ISBN 978-7-5509-3324-8

Ⅰ.①变… Ⅱ.①朱… Ⅲ.①旱灾-影响-烟草-栽培技术-研究-贵州 Ⅳ.①S572

中国版本图书馆 CIP 数据核字(2022)第 119729 号

组稿编辑:岳晓娟 电话:0371-66020903 E-mail:2250150882@ qq. com

出 版 社:黄河水利出版社   网址:www.yrcp.com
      地址:河南省郑州市顺河路黄委会综合楼14层   邮政编码:450003
发行单位:黄河水利出版社
      发行部电话:0371-66026940、66020550、66028024、66022620(传真)
      E-mail:hhslcbs@ 126. com
承印单位:河南新华印刷集团有限公司
开本:787 mm×1 092 mm   1/16
印张:9
字数:220 千字   印数:1—1 000
版次:2022 年 9 月第 1 版   印次:2022 年 9 月第 1 次印刷
定价:69.00 元

前　言

　　烟草是贵州省重要的经济作物,烟叶产业是贵州省的优势传统产业,为烟农增收、企业增效、政府增税做出了重要贡献。贵州省受特殊的喀斯特地形地貌影响,以及近年来"厄尔尼诺"现象的连续发生,降水时空分配不均,局部或全面阶段性旱情时有发生,严重影响了烟叶生产。科学认识旱灾与烟草生产之间的复杂关系有助于有效降低干旱灾害风险、全面提升烟水工程防灾减灾能力,从而为促进贵州省烟草生产可持续发展、提高烟草抵御自然灾害能力、发展现代烟草农业提供坚实保障。

　　烟水工程是烟草部门为烟草高产稳产而出资兴建的农业水利工程设施,是解决烟区群众生产生活用水、增加烟农收入、发展现代烟草农业的基础。基于此,本书对烟草种植背景及干旱灾害分布规律进行分析,选用湄潭、威宁、兴仁、思南四地作为研究典型区。在分析变化环境下贵州干旱时空分布规律的基础上,针对烟草对干旱的响应机制开展相关试验,进行烟草节水试验,探究干旱对烟草品质及产量的影响,确定不同生育阶段的烟草干旱影响系数,分析烟草节水特性。对贵州烟水工程与干旱灾害分布的匹配程度进行评价,进而对典型区烟水工程的抗旱减灾能力进行评估,为精准抗旱减灾、充分发挥烟水工程减灾保产作用提供支撑,为后续烟水工程建设与发展提供参考。主要研究结果如下:

　　(1)研究了变化环境下贵州烟草干旱与旱灾时空分布特征规律。分析了 1960～2019 年贵州省烟草各生育阶段的干旱演变规律,并对烟草水分盈亏指数与相对气象产量间的关系进行研究,构建基于水分盈亏指数的烟草干旱模型,提出烟草干旱识别指标。同时,开展了烟草水分胁迫试验,得出了烟草不同生育期干旱灾损影响系数。研究结果表明,近 25 年来,贵州大部分地区在烟草全生育期干旱程度呈上升趋势,干旱发生频繁的区域范围由伸根期至旺长期到成熟期依次增大。烟草不同生育期水分亏缺率对应的干旱等级分别为:全生育期缺水率为 $X \leqslant 15\%$、$15\% < X \leqslant 35\%$、$35\% < X \leqslant 55\%$、$X > 55\%$ 时,分别发生轻、中、重、严重干旱,对应的减产率分别为 $Y \leqslant 10\%$、$10\% < Y \leqslant 20\%$、$20\% < Y \leqslant 30\%$、$Y > 30\%$;旺长期缺水率为 $X \leqslant 35\%$、$35\% < X \leqslant 70\%$、$X > 70\%$ 时,分别发生轻、中、重旱,对应的减产率为 $Y \leqslant 10\%$、$10\% < Y \leqslant 20\%$、$20\% < Y \leqslant 30\%$;成熟期缺水率为 $X \leqslant 35\%$、$35\% < X \leqslant 75\%$、$X > 75\%$ 时,分别发生轻、中、重旱,对应的减产率为 $Y \leqslant 10\%$、$10\% < Y \leqslant 20\%$、$20\% < Y \leqslant 30\%$。旺长期受旱是影响株高和叶面积发育的主要因素,随受旱时间增加,株高和叶面积发育逐渐降低;旺长期受旱可导致烤烟有效产量下降。旺长期和成熟期受旱对烤烟化学成分的影响均表现为还原糖含量下降,总氮和烟碱含量升高,对钾和氯的含量影响不明显。烟草不同生育期干旱灾损影响系数为:伸根期 0.112,旺长期 0.553,成熟期 0.307。伸根期轻度缺水不仅可以提高烟草水分利用效率,还可提高作物烟草的抗旱能力。

　　(2)烟水工程在一定程度上缓解了贵州省烟草干旱,但是烟水工程与烟草干旱间匹配关系仍有待提升。黔西南、黔南、安顺、六盘水、贵阳匹配度分别为 55.4%、52.1%、46.2%、45.9%、44.7%、34.4%,处于第四等级,烟水工程与烟草干旱匹配度较差;毕节、黔东南、铜仁、遵义匹配度分别为 31.7%、28.6%、26.8%,处于第五等级,烟水工程与烟草干旱匹配度差。不同生育阶段中,伸根期匹配度最好,旺长期次之,成熟期匹配度最低。伸根期缺水主要出现在 90%、95% 有效降雨频率下,旺长期、成熟期缺水在各有效降雨频率下。

(3)开展了贵州典型区烟水工程减灾能力与减灾效益评估研究。烟草全生育期的干旱灾损是不同生育期发生干旱的累积效应结果,以阶段水分亏缺率作为评估烟水工程减灾效益的重要指标,建立贵州典型区减灾效益评估模型。评估结果表明:湄潭、威宁、兴仁、思南四个典型区烟水工程平均减灾能力分别为 0.68、0.70、0.75、0.66;在 2006~2017 年因烟水工程减少的损失为 8 218.29 t、25 031.22 t、8 204.20 t、6 417.79 t;在 2006~2017 年因烟水工程发挥减灾效益而减少的经济损失分别为 15 130.32 万元、45 419.31 万元、14 591.00 万元、10 671.44 万元。同时,研究给出了典型区烟草种植合理面积分别为:湄潭县 0.64 万亩(1 亩 = 1/15 hm²);威宁县 9.39 万亩、兴仁市 3.85 万亩、思南县 1.25 万亩。

(4)给出了提升烟水工程抗旱能力的建议。针对在实地调研过程中发现烟水工程存在渠道漏水、蓄水池无法正常蓄水、渠道出现裂痕、渠底有杂草等问题,以及研究过程中发现部分区域烟水工程抗旱减灾能力低的问题。分别从组织管理基础性措施、工程与技术性措施、农村(农业)防旱措施、干旱应急对策等方面提供可行性建议,针对各典型区实际问题给出针对性建议。

本书由作者科研团队近期科研成果构成,由贵州省水利工程建设质量与安全中心朱晓萌、罗恒,华北水利水电大学齐青青、张泽中、王飞、樊华、郭勋、来和鑫,水利部河湖保护中心常跃合作著写。其中,第 1 章由朱晓萌写,第 2 章由朱晓萌写,第 3 章由齐青青、王飞和常跃写,第 4 章由王飞和郭勋写,第 5 章由齐青青和来和鑫,第 6 章由朱晓萌和常跃写,第 7 章由常跃和郭勋写,第 8 章由齐青青和常跃写,第 9 章由朱晓萌写,共计 22.0 万字。其中,朱晓萌写 5.5 万余字,齐青青写 2.2 万余字,王飞写 5.1 万余字,郭勋写 2.0 万余字,来和鑫写 2.0 万余字,常跃写 5.1 万余字;全书由张泽中、罗恒和樊华统稿校核。本书得到贵州省水利厅 2020 年度科技项目(KT202001)和华北水利水电大学高层次人才引进项目(202110019)支撑与资助。

书中成果研究和数据收集过程中得到贵州省水利厅以及所属单位姜瑛、张炜黎、潘正雄、颜勇、李军、郝志斌,贵州省水利科学研究院商崇菊、慎东方、黄丽、古今用,威宁县水务局李选强,威宁烟草公司彭有强和兴仁市周凡军、陈卓毅、杜发东等领导和专家的指导和大力帮助;借鉴同行专家学者部分成果列出在参考文献。作者在此一并表示感谢!

本书研究的是水利工程管理中一个正在发展中的防灾减灾领域,存在系统性和复杂性,加之作者知识水平有限,书中的谬误和不足敬请读者批评指正。

作者　朱晓萌

2022 年 9 月 6 日于贵阳

目　录

1 绪 论

1.1 研究背景与意义

1.1.1 研究背景

随着全球气候变暖趋势加剧,日益严重的全球化干旱威胁着人类的生存环境,已成为各国政府共同关注的重要问题。干旱的影响范围大,影响程度深,是造成损失最为严重的自然灾害,重大干旱灾害直接威胁到国家的粮食安全和社会稳定。近几十年来,随着经济社会的快速发展,城市化建设进程日益加快,人口数量急剧增加,我国水资源短缺现象日趋严重,干旱灾害已成为影响我国社会经济发展最主要的自然灾害之一。抗旱工作面临着新的严峻压力和挑战,其相关研究成为防灾减灾的重大课题。

贵州省地处西南腹地,山峦叠嶂,丘陵起伏,东西三大梯级、南北两面斜坡。武陵山、乌蒙山、大娄山、老王山、苗岭五大山脉交织辉映,素有“八山一水一分田”之说。贵州省气候特点鲜明,冬无严寒、夏无酷暑、四季分明。雨水充沛,光、热、水变化同步且光照主要集中在4~9月,日照时数占全年日照总数的70%。绵延的高原山地、纯净的氧气、丰富的日照、充沛的降水、温和的气候环境成为贵州省优质烟叶生长的绝佳环境,使贵州省成为全国第二大优质烤烟生产基地。烟叶是贵州省重要的经济作物,烟草产业是贵州省的优势传统产业,更是贵州省脱贫致富的主打产业之一,在地方经济建设中占有重要地位。烟水工程是烟草部门为烟草高产稳产灌溉而出资兴建的水利工程设施;它是贯彻落实中央“工业反哺农业、城市支持农村”和“多予、少取、放活”方针的第一“抓手”,是落实乡村振兴国家战略、切实解决“三农”问题、建设社会主义新农村、构建社会主义和谐社会的具体行动;是解决旱地工程性缺水问题,实现农村人均有效浇灌溉面积达到0.5亩目标的重要措施;是解决烟区群众生产生活用水,增加烟农收入,助力烟草产业脱贫致富与农村饮水安全、推动烟叶生产可持续发展的有效途径;它是一项政府牵头、烟草出资、部门配合、农户受益的惠民工程。因此,烟水工程抗旱能力评估与提升直接关系到国家“三农”问题的切实解决、乡村振兴战略的有效实施及“十四五”目标的顺利实现。

中共中央,国务院关于推进防灾减灾救灾体制机制改革的意见要求深入学习贯彻习近平总书记系列重要讲话精神和治国理政的新理念、新思想、新战略,切实增强“四个意识”,紧紧围绕统筹推进“五位一体”总体布局和协调推进“四个全面”战略布局,牢固树立和落实新发展理念,坚持以人民为中心的发展思想,正确处理人与自然的关系,正确处理防灾减灾救灾和经济社会发展的关系,坚持以防为主、防抗救相结合,坚持常态减灾和非常态救灾相统一,努力实现从注重灾后救助向注重灾前预防转变,从应对单一灾种向综合减灾转变,从减少灾害损失向减轻灾害风险转变,落实责任、完善体系、整合资源、统筹力量,切实提高防灾减灾救灾工作法治化、规范化、现代化水平,全面提升全社会抵御自然灾害的综合防范能力。

贵州省属半湿润半干旱地区,即烟叶大田生长期的总降水量能够满足烟叶生长发育对水分的需求,但特殊的喀斯特地形地貌影响以及近年来"厄尔尼诺"现象的连续发生,加剧了贵州烟区降水时空分配不均,局部或全面阶段性旱情时有发生,严重影响了贵州烟叶高产和稳产。为解决干旱及工程性水资源紧缺对贵州烟草生产造成的损失,贵州烟草公司自2005年启动了烟水配套工程建设。通过十多年的建设,烟田灌溉设施基本完善,确保了烤烟生长对水分的需求,对改善烟叶品质起到了重要作用。然而,贵州省部分地区目前在烟水工程建设中还存在以下主要问题,使烟水工程未能发挥应有效益。一是"最后一公里"的建设缺位问题。尽管烟草公司投入资金修建了蓄水池、塘坝、主渠道等水利基础设施,但田间配套实施不完善,灌溉水难以通到田间地头。地方政府重大轻小,倾向于兴修大工程,忽视沟渠塘堰等小微工程建设;农民自身由于资金缺乏、集体行动能力弱等困难,也无法承担起"最后一公里"沟塘渠堰建设的重任,造成干旱来临时,常常只能"望水兴叹"。二是部分烟水工程质量差。蓄水池的漏水问题严重,可存蓄水资源少。三是烟水工程重建轻管。由于水利改革跟不上等原因,烟草公司只负责建设烟水工程,建后烟水工程管理落后,不能满足实际需求,造成重建轻管。四是贵州干旱造成烟草损失严重。随着气候变化,贵州省干旱日益复杂,干旱造成的损失越来越严重。2009年9月到2010年3月特大干旱造成 4.85×10^6 人饮水困难, 7.01×10^5 hm² 农作物受灾, 2.3×10^9 元直接经济损失和 2.26×10^9 元农业直接经济损失;2011年特大夏旱造成 5.50×10^6 人、 2.80×10^6 头牲畜饮水困难, 1.76×10^6 hm² 农作物受灾,直接经济损失 1.576×10^{10} 元;2013年夏旱造成 2.645×10^6 人、 1.12×10^6 头大牲畜饮水困难, 9.64×10^9 元直接经济损失;同时,因部分水库和蓄水池池壁和池底开裂严重,难以蓄水,或配套工程不完善,烟农防旱减灾能力弱,烤烟因旱损失严重。

因此,面对复杂的变化环境,开展贵州省烟水工程抗旱能力评估与提升对策研究不仅是提升贵州省烟草产业脱贫致富防灾减灾能力的实现科技需求,而且是落实党中央国务院推进防灾减灾救灾现代化的国家战略需求。

1.1.2　研究意义

1.1.2.1　理论意义

近年来,有关烟草干旱灾害的研究较多。在CNKI中搜索主题"烟草干旱",会出现150多条。进入21世纪,干旱发生频次与强度提升,研究文献由2005年前的5条左右上升到2010年的10条以上,2020年高达30条。查阅相关文献可知,大多数研究者主要集中在对干旱胁迫下烟草响应机制的研究,而没有建立完善的烟草产量灾害损失评估模型,未对烟水工程减灾效益做出评估,缺乏提高烟水工程减灾效益实践指导。鉴于此,本书拟通过对上述问题深入研究,丰富完善贵州烟水工程的减灾能力和减灾效益评估相关理论,选题具有重要的理论意义。

1.1.2.2　现实意义

本课题选题符合国务院2011~2019年中央一号文件的有关精神;符合《中共中央关

于制定国民经济和社会发展第十三个五年规划的建议》中相关要求;符合《中共中央国务院关于推进防灾减灾救灾体制机制改革的意见》中提出的加强基础理论研究,揭示重大自然灾害及灾害链时空分布等规律和致灾机制,加强灾害损失评估、社会影响评估;以及党的十九大提出的乡村振兴战略实施。因此,开展《变化环境下贵州烟水工程抗旱减灾能力评估与提升对策研究》响应了国家和贵州省烟草主产区迫切需求和长远规划,关系到改善农村生产生活条件、增加农民收入和推进农业现代化。研究成果将为烟水工程充分发挥效益,发展现代烟草农业,保证原料需求,促进农民增收,加快贵州脱贫致富,有重要现实意义。

1.2　国内外研究进展

1.2.1　贵州干旱灾害研究进展

贵州省地处云贵高原,是我国西南喀斯特地区的腹心地带,喀斯特出露面积达 $10.9 \times 10^4 \ km^2$,占贵州省土地总面积的 61.92%,生态环境极其脆弱,地表干旱严重,有"年年有旱情,三年一小旱、五年一中旱、十年一大旱"的特点。贵州省人口众多、耕地资源少、水资源时空分布不均、水旱灾害频繁。随着贵州省社会经济发展和人口增加,水资源短缺现象日趋严重,全省各行各业尤其是农业受旱影响和干旱造成的各项损失越来越严重。鉴于贵州近年来干旱出现频率大大增加,干旱等级和影响范围不断增大,对当地人民群众的财产造成了极大的损失和人身安全受到严重的威胁,许多相关专家与学者从不同的方面对其进行了系统的研究分析。夏阳等采用广义极值分布(GEV)干旱指数分析了贵州夏季干旱,表明 GEV 干旱指数及其等级划分能较好地表征贵州夏旱实况,在持续性干旱过程中尽量应用季尺度 GEV 干旱指数较合理。张金凤等利用 CI 指数分析了贵州 19 个气象站 1961~2011 年干旱的时空变化特征,表明贵州年干旱发生频率很高;全年干旱频率分布从东北向西南逐渐增高;四季中春旱发生频率最高,由西南向东北呈递减趋势,夏旱南北差异不显著,秋旱发生频率呈现自西北向东南逐渐增高的条带状分布规律;干旱持续日数和干旱强度呈周期性变化。白慧等应用标准化前期降水指数分析其贵州的适用性,结果表明标准化前期降水指数有效刻画出贵州省 2009~2010 跨年干旱和 2011 年的夏、秋连旱过程的旱累积效应,能客观反映干旱的发生、发展和结束过程,没有出现"不合理旱情加剧"的问题。徐建新和陈学凯等利用标准降水蒸散指数 SPEI 定量分析了贵州省不同时间尺度干旱发生频率和发生强度,结果表明 SPEI 能较好地反映贵州省干旱的变化特征,随着时间尺度的减小,SPEI 波动幅度增加,干旱发生频率增加。徐德智等利用 SPI 指数分析了黔东南干旱特征,研究结果表明,1961~2012 年间黔东南年际干旱和季节性干旱呈上升趋势,干旱主要集中于 1985~1989 年和 2001~2012 年。

以上学者的研究主要集中在对贵州气象干旱指标,不同时间尺度下干旱时空特征分析,干旱预警研究,而对贵州农业干旱的研究较少。王备等利用黔西南 1961~2010 年月降水和气温资料,通过对该区域历年降水量和蒸散量的变化,越冬作物生长季内相对湿润度指数的变化趋势及气象干旱发生的频次等研究,分析表明:近 50 a 来,黔西南州气象干旱的发生次数增多,强度增大;11 月处于越冬作物的播种期和幼苗生长期,作物耐旱水平低。张帅等从气象因素出发,通过将不同气象干旱指标与玉米受灾强度进行对比分析,找出对玉米受灾情况影响最大的因子;同时,将玉米的受灾强度、干旱指标及农业抗灾能力因子三者相结合,建立线性方程,并综合分析出降水距平百分率与降水潜在蒸散差指标能快速、准确地反映出干旱强度与受灾程度,而中等田面积的大小是影响喀斯特山区玉米受灾强度的主要农业抗灾能力因子。宋艳玲等研究了西南地区干旱的变化趋势,并利用 2010~2011 年贵州省县级水稻产量资料,分析干旱对水稻单产的影响,结果表明当累计干旱日数少于 40 d 时,干旱对水稻产量一般不会造成影响;当累计干旱日数超过 86 d 时,干旱造成水稻减产,这意味着当累计干旱日数超过 3 个月时,江河塘库蓄水将受到影响,进而影响水稻的灌溉,造成水稻严重减产。此外,课题组团队前期对贵州干旱灾害进行了大量的研究,具备较为扎实的研究基础。例如,张泽中等基于玉米不同生育阶段降水负距平百分率划分的干旱标准、信息扩算理论计算的干旱发生概率、减产等级及相应的发生概率,建立了干旱灾害风险模型,结合 GIS 技术对贵州省玉米不同生育阶段干旱灾害风险进行了评估。朱晓萌等为建立贵州地区烟草干旱灾害的监测与评估指标,以贵州烟草不同生育期水分亏缺率与减产率二者建立线性回归方程,结合农业干旱等级划分标准,得到烟草不同生育期干旱指标。王飞等利用集对分析可展性,引入同化度等概念建立了多元集对分析模糊评价模型,对贵州省修文县、兴仁县、湄潭县 2013 年 8 月上、中、下旬发生干旱情况进行评价分析与预警,结果表明该模型能够真实地反映修文县、兴仁县、湄潭县 2013 年 8 月发生干旱情况,预警结果更符合客观实际。谷红梅等利用贵州省兴仁县 1961~2012 年烟草生长期内(5~8 月)的日降水资料,通过定义长、短周期旱涝急转指数,采用滑动平均法、降水距平法等,全面分析兴仁县烟草生长期内的长、短周期旱涝急转变化趋势、月降水变化规律。王盈盈等利用贵州省 18 个气象站点 1960~2012 年逐月降水和平均气温数据计算标准化降水蒸散指数 SPEI 评估干旱,采用 M-K 趋势检验、B-G 分割法、极点对称模态分解法 ESMD 和反距离权重插值法分析了贵州省分区分时段干旱时空演变特征。慎东方等基于贵州省 1951~2012 年的 19 个典型站点的气象资料,以 SPEI 指标识别了贵州气象干旱历时和干旱烈度,确定了贵州气象干旱历时和烈度的 Gamma 适线频率分布曲线及时空变化特征。樊华等考虑贵州省特点,对日尺度旱涝急转指数 DWAAI 进行修正后,分析了贵州省近 50 年旱涝急转时空演变特征,结果表明修正的 DWAAI 指数在贵州省具有较好的适用性。

烟草生长期内,贵州烟区正好是雨热同步时期,同时也是该地区旱涝灾害频繁发生时期,尤其是生育后期,易发生伏旱,造成烟草生长水分胁迫。然而,对贵州烟草生育期内干旱特征的研究几乎没有,以往的研究很少考虑到贵州地形坡度大、土地瘠薄等因素。鉴于此,本书拟在研究贵州省干旱时空分布特征的基础之上,从有效降水和作物需水入手,综合作物减产情况,构建基于作物缺水率的干旱评价指标,研究烟草生育期内干旱问题。

1.2.2　干旱胁迫下的烟草产量研究进展

水分是烟草光合作用制造有机物的原料之一,水分的多少直接影响烟株生长和烟叶产量及品质。烟草是需水量较多的作物,整个生育期对水分的需求为 400~600 mm,且不同生育阶段对水分的要求是不相同的,水分的亏缺会使烤烟的生长受到胁迫,导致烟叶产量降低、品质下降。烤烟伸根期土壤干旱,有助于根系的发育,使根系体积增长迅速,根系活力强,土壤湿度大和严重干旱都会影响根系的发育和根系活力;旺长期轻度干旱可使根系体积、干物质增长量及根系活力明显下降,而充足的水分供应能进一步促进根系的生长发育;成熟期轻度干旱对根系的生长和根系活力没有明显的影响,严重干旱胁迫可使烤烟的干物质积累量明显减少。烟草叶片的生长和最终产量的形成主要依靠地上部叶片的光合作用。如果前期和中期受旱,烟草茎叶生长发育受抑,光合能力就会减弱,同化物向叶部的运输减少,致使其发育不良,产量基础变得薄弱,造成减产。汪耀富研究结果表明,在干旱胁迫下烟叶产量下降,上中等烟比例减小,特别是严重干旱胁迫对烟叶产量和上中等烟比例的影响更大。阿吉艾克拜尔等研究结果表明,适度的亏水条件对烤烟的株高、叶面积指数和产量影响并不明显,而在伸根期、旺长期和成熟期土壤含水量为田间持水量的60%、80%、70%时其调亏处理对提高烟叶产量效果明显;伍贤进等研究表明,烟草产量受土壤水分的影响程度以伸根期最大、旺长期次之、成熟期最小。

目前,对于烟草水分胁迫下相应机制研究成果较为丰硕。然而,对烟草干旱与成灾之间的具体关系不清楚,缺乏相应的灾损模型。因此,有必要根据贵州典型区气象、烟草、土壤水分等方面来综合考虑,深入研究烟草生育期内干旱特征,探讨烟草干旱的控制因素对灾害的影响,挖掘主要类型干旱事件与控制因素之间的相关关系,建立一个适合贵州地区烟草干旱灾损评估模型,进而完善烟水工程减灾效益的评估。

1.2.3 农业干旱防灾减灾效益研究进展

国外对农业防灾减灾的研究起步比较早,各国针对农业自然灾害状况以及防灾减灾的研究已取得了大量的理论和实践成果。世界各国政府都已经将农业防灾减灾工作当成国家危机管理中的重要组成部分,尤其是发达国家,经过多年的努力,已经初步形成了集法律体系、组织管理、规划体系、宣传教育、保险体制等于一体的农业灾害防灾减灾体系。美国国家科学基金委员和伊利诺伊州水务局针对洪水灾害分别编制了《防洪减灾总报告》和《美国的洪水及减灾研究规划》,以此指导和应对美国密西西比河流域的特大洪灾并取得良好的实施效果。英国针对干旱灾害分别使用 SMMR 和 AVHRR 资料进行对比研究,并将这一研究成果运用于非洲沙漠的干旱灾害试验。加拿大学者运用 NOAA - AVHRR 资料进行作物常规产量和旱情产量的评估,进一步研究形成用于监测农业旱情的完善的系统。农业防灾减灾活动的目的是保障农业生产,因此学者通过灾害损失评估探讨农业防灾减灾与农业生产的关系。Marco et al 评估了旱涝灾害造成的损失以及对畜牧业的影响,进而提出加强对旱涝防范工作的建议。国外学者多从灾害经济学或公共经济学的角度研究农业防灾的经济行为。Russell et al 运用边际成本和边际效益分析方法,分析防灾减灾活动的成本与其收益之间的关联,并在现有研究的基础上得出私人部门和公共部门的最优调整水平,为防灾减灾的效益研究奠定了基础。美国西维吉尼亚大学的Yasuhide 开展一系列有关灾害与经济的理论研究,并就灾害对经济长期影响进行分析,其结果具有较强的现实指导价值。同时,他的分析也指出,开展农业防灾减灾资金投入是必要的,能带来一定的价值作用。

随着现代灾害管理起点从灾中应对和灾后处置向灾前准备与减灾转移,农业防灾减灾也成为近阶段较为突出的研究方面。《国家综合防灾减灾规划(2016~2020年)》中提出加强农业、林业防灾减灾基础设施建设以及牧区草原防灾减灾工程建设,做好山洪灾害防治和抗旱水源工程建设工作。开展农业防灾减灾活动,其目的在于能够有效地保护农业生产条件,提升农业产量。谢永刚等抽取1989~2005年我国各省数据,运用经济计量法分析得到水利减灾措施对农业经济增长的影响较大,并提出增加水利减灾措施是农业增产增收的根本方法和硬件基础。刘宁通过协整分析方法,得出我国农业防灾减灾投入与粮食单产之间具有长期正向的均衡关系,但同时提出要优化投入总量和结构。邹帆提出构建完善的农业防灾减灾体系是政府实现新农村建设的关键。郝爱民认为农村大量劳动力外出导致农田水利建设和防汛抗旱等公用事业难以完成,对农村发展造成潜在危害。

从以上研究可以看出,国外学者多从灾害经济学或公共经济学的角度研究农业防灾的经济行为,多数国内学者针对有关农业防灾减灾对农业生产的影响和作用及两者之间的关系进行研究。鉴于此,从烟水工程灌区烟草充分灌溉条件下烟草需水量与烟水工程可供水量的角度出发,评估烟水工程对贵州烟草减灾效益,响应《国家综合防灾减灾规划(2016~2020年)》中提出的加强基础理论研究和关键技术研发,加强灾害监测预报预警、风险与损失评估、社会影响评估等关键技术研发。

1.3　研究内容

针对旱灾破坏贵州烟草高产稳产进而影响烟农增收与乡村振兴的问题,本书以贵州烟草干旱和烟水工程为研究对象,在理论和实践两个层面上进行深入研究,主要研究内容包括:

(1)贵州烟水工程现状调研。

对贵州省烟水工程进行实地走访烟农和烟草生产基地、烟水工程实地考察、管理部门开座谈会,收集烟水工程塘坝塘容、数量、灌溉面积相关数据,运行效果及存在问题等,分析整理出烟水工程运行、管理等方面的资料。

(2)变化环境下贵州烟草干旱与旱灾时空分布特征规律。

以历史气象监测数据为基础,挖掘贵州烟草生育期内干旱历史演变规律和灾损的演变规律,研究干旱在烟草生育期的时空分布规律和发展趋向,从气象、水文、下垫面、烟草等多个层面,结合理论与试验两个方面研究干旱的控制因素对烟草产量和品质的不利影响,分析贵州烟草不同生育期干旱事件与旱灾分布特征规律。

(3)贵州烟水工程与干旱灾害分布匹配程度。

根据贵州烟草不同生育期内干旱灾害时空分布规律与烟草主产区烟水工程建设现状,分析衡量烟草干旱压力与烟水工程抗旱能力,综合运用ARCGIS对贵州烟草主产区干旱灾害时空分布与烟水工程匹配度进行全面研究,揭示烟水工程布局合理性,为指导烟水工程的布局和重点建设奠定基础。

(4)烟水工程抗旱减灾能力评估。

根据贵州省典型区烟水工程分布情况,以县为单位,计算不同灌溉设计保证率下烟水工程系统可供水量,结合不同水文年各县供水情况与作物灌溉要求,考虑到不同灌溉方式下的水分利用效率不同,采用水量平衡理论、能力与环境压力理论对烟水工程供水能力等方面进行评估研究。

(5)贵州烟水工程抗旱减灾能力提升对策。

针对贵州典型县烟草各生长期内干旱事件历史特征、演变规律及烟水工程与干旱灾害分布匹配程度,综合考虑烟水工程抗旱减灾能力,分析提升烟水工程抗旱减灾能力的整体策略,并针对不同类型问题给出烟水工程抗旱减灾能力提升对策建议。

1.4 研究目标

本书以贵州干旱和烟水工程为研究对象,通过走访调研、实地调查、座谈会、理论分析、数值模拟和数学建模等手段,在调研贵州烟水工程现实情况的基础上,挖掘贵州干旱灾害时空分布特征规律,通过理论分析和田间试验,识别烟水工程与旱灾分布匹配程度,评估烟水工程抗旱减灾能力,提升贵州烟水工程抗旱减灾能力对策,研究成果为贵州烟草增收,助力乡村振兴、保障农村饮水安全和防灾减灾管理提供科技支撑。

1.5 技术路线

本书是一个涉及社会、经济、生态、环境、水利、气象、农作和管理等多领域的复杂、庞大的系统工程课题,必须引进先进理念和理论,应用现代系统科学、数理统计与现代高新计算等综合研究手段,借助多学科交叉与集成的专业知识进行综合分析、计算才能解决。研究技术路线见图 1-1。

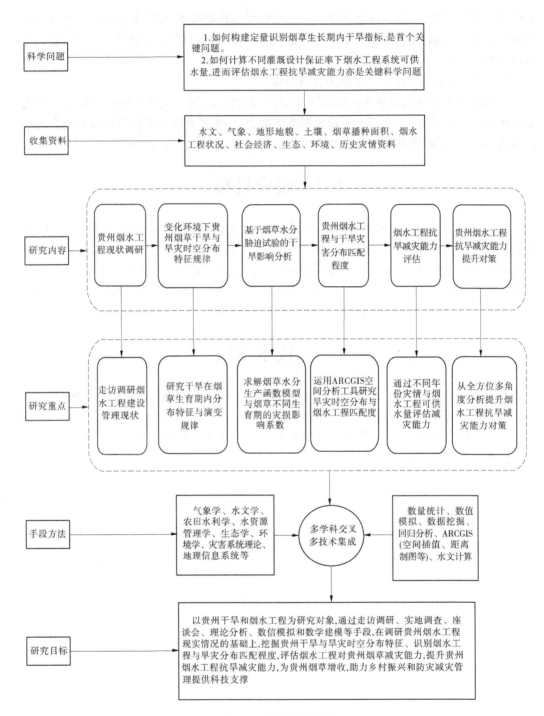

图 1-1　研究技术线路

2 研究区域概况

研究从贵州省烟草种植背景及干旱灾害分布特征对贵州省烟草种植现状进行初步分析,并结合分析结果,在综合考虑烟草种植面积、干旱发生严重程度、烟水工程建设等因素的前提下,选取遵义湄潭、毕节威宁、黔西南兴仁及铜仁思南四地作为本研究的典型区,为下一步烟草干旱指标的构建及烟水工程抗旱减灾能力的评估奠定基础。

2.1 贵州烟草种植背景

贵州省独特的高原山地地形决定了贵州具有多种小气候。图 2-1 为贵州省区域概况,可以看出贵州省地势呈现出西高东低的变化特征。贵州省北部属于黔北高原中山峡谷区,中部为黔中高原区,地势较平,高于北部,土层较厚,耕地集中。黔南高原中低峡谷区海拔略低于中部高原区,该区气候春季气温较低且回暖时间晚。秋季气温下降速度快且时间较早,夏季气候温和、酷暑天气极少。贵州省从 20 世纪 30 年代开展烟草种植,至今已有近 90 年的植烟历史。该区生产的烟叶颜色金黄、弹性强,叶片大小、厚薄适中,燃烧性好。20 世纪 70 年代后,由于自然条件良好,种植条件改善,烟叶质量较好,烟叶生产水平加快发展,该地区已发展成为全国主要的烟草生产区域之一。

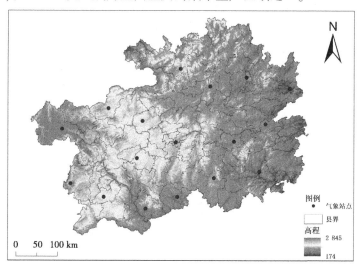

图 2-1 贵州省区域概况

贵州省是我国烟草主产区之一,依据中国烟草种植区划单性本对烟草种植区的划分,贵州烟草种植以黔中地区发展烟叶生产最为典型,黔中地区烟草种植区的范围包括贵州省贵阳市、安顺市和遵义市、黔南州全部,铜仁市和毕节市部分县,共计 42 个县(市、区)。此外,还有六盘水市全部、黔西南州和黔东南州部分县区共计 18 个县(市、区)。图 2-2 描述了贵州省 2017 年主要烟草的种植区域分布。

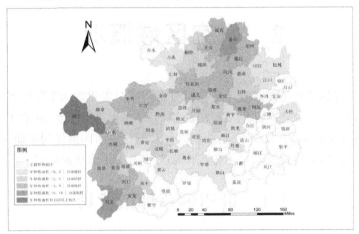

图 2-2　贵州省 2017 年主要烟草种植分布

贵州省烟草常年种植面积在 $1.0 \times 10^5 \, m^2$ 左右,年产烟叶 $1.8 \times 10^5 \, t$ 左右。烟草每年 4 月下旬至 5 月中旬移栽,主要栽培 K326、南江三号、云烟 87 和云烟 85 等品种。贵州省生产的烟叶颜色金黄—深黄,外观质量和物理特性较好,化学成分较协调,烟叶烟碱含量稍偏高,烟叶香气呈中间香型特征,香气质好、香气量足、烟气细腻,杂气较轻,余味较好,部分产区炳叶烟碱含量偏高,烟叶劲头偏大。当前,贵州省烟叶生产发展的方向应是调整烟叶生产布局,稳定烟叶种植面积,提高烟叶质量。在现有烟叶生产情况下,稳定老烟区,在生态条件适宜地区适当发展新烟区,在烟粮矛盾突出的地区,着重提高烟叶质量和种烟效益。烟叶生产中建立合理的以烟为主的耕作制度,维持烟叶–土壤生态系统协调和优质烟叶的可持续供应;形成烟叶生产技术规范,控制烟碱含量,稳定烟叶质量。

图 2-3 为贵州省 2017 年烟草收购计划分布。

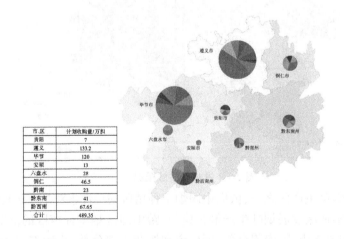

市.区	计划收购量/万担
贵阳	7
遵义	133.2
毕节	120
安顺	13
六盘水	28
铜仁	46.5
黔南	23
黔东南	41
黔西南	67.65
合计	489.35

注:图中不同扇形的大小表示各地区的计划收购总量,扇形带大小表示各区县计划收购量。

图 2-3　贵州省 2017 年烟草收购计划分布

由图 2-3 可以看出,贵州烟草产量较多的地区集中在有利于烟草种植的黔中地区。其中,遵义计划收购量最多,为 133.2 万担;其次为毕节、黔西南、铜仁,分别为 120 万担、67.65 万担、46.5 万担。相对而言,贵阳、安顺计划收购量较少,分别为 17 万担、13 万担。

2.2 贵州省干旱灾害分布

图 2-4 为贵州省易旱季节分布。

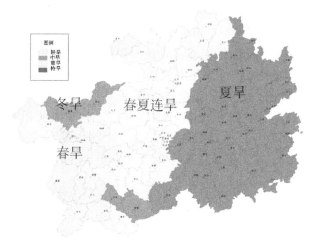

图 2-4 贵州省易旱季节分布

从图 2-4 可以看出,春旱、夏旱和春夏连旱是贵州省干旱的代表性发生时段,主要分布区间从空间上来看,春旱位于贵州省西部,主要为毕节西南部、六盘水和黔西南西部;夏旱位于东部,主要为铜仁、黔东南、黔西南和遵义东南部;春夏连旱位于中部,主要为遵义、贵阳、安顺和毕节东部。

图 2-5 为贵州省旱灾易发地区分布。

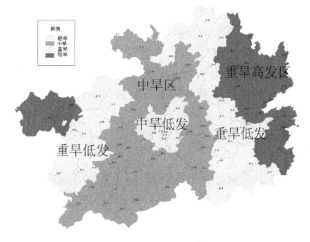

图 2-5 贵州省旱灾易发地区分布

从图 2-5 可以看出,重旱高发区位于贵州省东西两端,中旱在二者之间自北部一直延伸至西南。铜仁、黔东南东部及毕节西部是重旱的高发区;遵义东部、黔东南大部分地区、六盘水和毕节大部分地区为重旱的低发区。

2.3　典型县选取

从贵州烟草种植区划以及贵州干旱分布的空间特征来看,贵州烟草种植以黔中高原山区发展烟叶生产最为典型,同时又是干旱易发地区,结合气象、烟水工程资料的完备程度,本研究选取遵义市的湄潭县、毕节市的威宁县、黔西南州的兴仁市、铜仁市的思南县为典型区。所选取的典型区为农业大县,烟草种植面积大,烟水工程建设相对完善。在四个典型区中,湄潭县位于贵州中部,易发生春夏连旱的情况,烟草此时正处于伸根期、旺长期,对生长造成严重威胁;威宁县位于贵州省西部,该县烟草种植面积较大,每年烟草种植面积在 20 万亩以上;兴仁市位于贵州省西南部,常年种植面积在 5 万亩以上,在"十二五"期间,由贵州省烟草行业出资援建鲁皂水库、响水水库、高寨水库等水源工程;思南县位于贵州省东北部,位于重旱高发区域,十年九旱,工程性缺水严重。

2.3.1　湄潭县概况

湄潭县隶属于贵州省遵义市,位于贵州省中部,地理坐标为东经 107°15′~107°41′,北纬 27°20′~28°12′,地域呈南北狭长,东西宽 25.5 km,南北长 96.5 km,平均海拔 972.7 m。湄潭县属亚热带季风性湿润气候,四季分明,雨量充沛,气候温和,年均气温 14.9 ℃,年均降水量 1 000~1 200 mm。湄江河是该地区境内较大的河流。按地层岩性分类,岩溶地貌占 2/3。由于长期侵蚀,地形复杂,山地、丘陵、峡谷和盆地交错分布,致降水容易流失,土壤蓄水能力差,同时湄潭县岩溶裂隙,洞穴多,降水渗漏严重,产生降水后雨水迅速渗漏到地下,易发生干旱。2009 年 12 月至 2010 年 3 月,受气候异常影响,湄潭县降水量持续偏少,导致发生了历史罕见的冬春连旱,持续干旱不但造成油菜、小麦等越冬农作物受旱,还影响到烟草移栽,给烟农和烟草产业带来巨大损失。2020 年,湄潭县蓄水工程数量共 246座,供水能力为 6 305 万 m³;引提水工程数量共 704 座,供水能力为 12 880 万 m³;水井工程数量共 48 个,供水能力为 456.25 万 m³。"十三五"以来,该县烟水配套工程计划建设灌溉面积 23 220 亩,投入资金 3 290 万元。湄潭县是典型的农业县,烟草是该县的五大优势产业之一,2017 年,该县种植烟草面积为 4.8 万亩,累计收购烟草 12.3 万担,是农村经济发展的主要支柱。

2.3.2　威宁县概况

威宁彝族回族苗族自治县地处贵州省西部,位于贵州省境西北部,北、西、南三面与云南省毗连,地处北纬 26°30′~27°25′,东经 103°36′~104°45′。该县属亚热带季风性湿润气候区,冬无严寒,夏无酷暑,日温差大,年温差小。年平均气温 10 ℃左右,年均降水量 890 mm,年均日照时数 1 800 h,无霜期 180 d。2020 年,威宁县蓄水工程数量共 31 座,供水能力为 10 800 万 m³;引提水工程数量共 3 座,供水能力为 3 721 万 m³;水井工程数量共

63 个,供水能力为 456.25 万 m³。"十三五"以来,该县烟水配套工程计划建设灌溉面积 5 000 亩,资金 930 万元。烟草是该县的优势产业之一,2017 年,该县种植烟草面积 21.20 万亩,累计收购烟草 49.68 万担,实现产值 6.36 亿元。

2.3.3 兴仁市概况

兴仁市位于贵州省西南部、黔西南州中部,地理坐标为东经 104°54′~105°34′,北纬 25°18′~25°47′,东邻贞丰,南抵安龙、兴义,西接普安,北靠晴隆、关岭县。地处云贵高原向广西丘陵过渡地段的倾斜面上,地势从西向东、从西北向东南逐步倾斜下降。境内水资源丰富,多年平均降水量 1 325 mm,多年平均地表水资源总量 10.95 亿 m³,多年平均地下水资源量为 2.371 亿 m³,水资源可利用量 5.59 亿 m³,水资源可利用率 51.1%。该市地表水源工程主要有蓄水工程、引水工程、提水工程、调水工程;地下水源工程主要为出露泉水和浅层地下水水井取水工程,其他水源工程主要为集雨工程。2020 年,兴仁市蓄水工程数量共 101 座,供水能力为 8 707.16 万 m³;引提水工程数量共 33 座,供水能力为 6 820 万 m³;水井工程数量共 23 个,供水能力为 1 401 万 m³。"十三五"以来,该市烟水配套工程计划建设灌溉面积 1 200 亩,资金 1 000 万元。兴仁市是典型的山区农业市,2017 年种植烟草 5.00 万亩,年烟草产量实现 12.50 万担,烟农增收上亿元。

2.3.4 思南县概况

思南县隶属于贵州省铜仁市,位于贵州省东北部,乌江中下游,辖属铜仁地区,地理坐标为东经 107°52′~108°28′,北纬 27°32′~28°10′。该地为中亚热带季风湿润气候,具有春夏较长、冬秋较短、夏热冬暖等特点,年均气温 17.3 ℃。思南县属灾害性天气较多的县,主要灾害有干旱(春旱、夏旱)、冰雹、大风、倒春寒、凝冻及暴雨等,危害严重的干旱有春旱和夏旱。思南县水资源总体较丰富,年平均产水量 24.92 亿 m³,但水资源的开发利用率仅占 10.55%,全县人均有效灌溉面积为 0.32 亩,低于铜仁地区的 0.35 亩。2020 年,思南县蓄水工程数量共 220 座,供水能力为 9 915 万 m³;引提水工程数量共 64 座,供水能力为 1 664 万 m³;无水井工程。"十三五"以来,该县烟水配套工程计划建设灌溉面积 9 700 亩,资金 1 380 万元。由于地形地貌限制,思南县不利于建设大中型水利工程,当前全县的水利工程全部为小型水利工程,蓄水能力弱,抗旱排涝能力比较弱。为突破水利发展瓶颈,2013 年实施了万亩土地开发农田水利工程、烟水配套工程、农村人畜饮水工程等项目。2017 年,该县种植烟草面积 2.6 万亩,累计收购烟草 6.44 万担。

2.4 小 结

本章主要介绍了贵州省烟草种植背景,贵州省 2017 年烟草种植区域及各区域烟草产量分布情况,贵州省旱灾空间分布特征。选取了遵义市的湄潭县、毕节市的威宁县、黔西南州的兴仁市、铜仁市的思南县为本研究的典型区。在四个典型区中,湄潭县位于贵州中部,易发生春夏连旱的情况,烟草此时正处于伸根期、旺长期,对生长造成严重威胁;威宁县位于贵州省西部,该县烟草种植面积较大,每年烟草种植面积在 20 万亩以上;兴仁市位于贵州省西南部,常年种植面积在 5 万亩以上,在"十二五"期间,由贵州省烟草行业出资援建鲁皂水库、响水水库、高寨水库等水源工程;思南县位于贵州省东北部,位于重旱高发区域,十年九旱,工程性缺水严重。

3 变化环境下贵州烟草干旱 与旱灾时空分布规律

变化环境是指人类活动和自然过程相互交织,驱动一系列陆地、大气与水循环发生变化,进而导致干旱等极端气候事件的频率和强度增加的现象。其中,气候变化是指降水、气温、湿度、太阳辐射、风速等气象要素随时间出现了统计意义上的变化。人类活动是指为了满足人类生存和发展的需求,而进行的一系列农、林、渔、牧、矿、工、商、交通、观光及各种工程建设等活动。近年来,随着经济社会的快速发展,水资源供需矛盾越发突出;加之气候变化带来天然来水不确定性影响因素增加,给烟草行业带来了挑战。基于此,研究变化环境下贵州烟草干旱与旱灾时空分布规律尤为重要。考虑到针对烟水工程的人类活动主要为烟水工程的建设,后续会对烟水工程的影响进行探讨,因此本章从气候变化方面对变化环境进行刻画,以 SPEI 指数表征气象干旱,分析 1960~2019 年贵州省烟草各生育阶段的干旱演变规律,阐明近 60 年来贵州省气候变化特点,找出烟草各生育阶段的干旱分布特征。同时,在分析烟草不同生育期需水量及水分盈亏指数变化趋势及相关气象因子变化特征的基础之上,对烟草水分盈亏指数与相对气象产量间关系进行研究,构建基于水分盈亏指数的烟草干旱模型,提出烟草干旱识别指标。

3.1 所需资料

研究选取贵州省 4 个典型县、市(区)的气象及产量资料,气象资料来源于中国气象网(www. date. cma. cn),产量资料来源于《贵州省统计年鉴》。选取资料的时间序列为 1955~2019 年。在 2005 年之后贵州省烟草公司为了落实国家工业反哺农业的政策,在贵州烟区开展烟水配套工程建设,使数以万亩的烟田得以灌溉。灌溉可以减少灾害损失,并不能否定干旱的存在,从而掩盖了干旱对烟草产量的影响,增加了干旱分析的难度。此外,选取了贵州省 17 个气象站点的气象数据,数据来源于国家气象科学数据中心制作的中国地面气候资料月值数据集,并且这些数据在使用时经过了较为严格的一致性检验,数据质量是符合要求的。

3.2 主要研究方法

3.2.1 标准化降水蒸散指数 SPEI

标准化降水蒸散指数 SPEI 融合了帕默尔干旱指数 PDSI 和标准化降水指数 SPI 的优点,同时具有多时间尺度的特征,可以考虑不同时间尺度的干旱。此外,SPEI 还引入了气温因素,考虑了地表蒸散变化对干旱的影响,使得它对气温快速上升导致的干旱化反映更加敏感。月尺度 SPEI 值(SPEI-1)可以快速地反映干旱短时间内的细微变化,季尺度

SPEI 值(SPEI-3)可以反映季度的旱情状况,年尺度 SPEI 值(SPEI-12)可以反映干旱的年际变化。在计算 SPEI 的过程中,由于 Thornthwaite 公式在求解潜在蒸散发时具有计算简便和所需气象输入要素较少等优势,因此本研究采用 Thornthwaite 公式来求解潜在蒸散发。SPEI 的具体计算方法如下:

(1)应用 Thornthwaite 公式来计算每个月的潜在蒸散发量:

$$PET = 16K\left(\frac{10T}{I}\right)^m \tag{3-1}$$

式中:PET 为潜在蒸散发量;K 为由纬度计算而得到的修正系数;I 为年总加热指数;T 为月平均气温;m 为由 I 所确定的系数。

(2)计算各个月的降水量与潜在蒸散发量的差值:

$$D_i = P_i - PET_i \tag{3-2}$$

式中:D_i 为逐月降水量与潜在蒸散发量的差值;P_i 为逐月降水量;PET_i 为逐月潜在蒸散发量。

(3)采用三参数的 Log-Logistic 概率分布对 D_i 进行拟合,并求出累计函数:

$$f(x) = \frac{\beta}{\alpha}\left(\frac{x-\gamma}{\alpha}\right)^{\beta-1}\left[1+\left(\frac{x-\gamma}{\alpha}\right)^{\beta}\right]^{-2} \tag{3-3}$$

$$F(x) = \int_0^x f(t)\,\mathrm{d}t = \left[1+\left(\frac{\beta}{x-\gamma}\right)^{\alpha}\right]^{-1} \tag{3-4}$$

式中:$f(x)$ 为概率密度函数;$F(x)$ 为概率分布函数;α、β、γ 分别为形状参数、尺度参数和初始状态参数。

(4)对序列进行标准化正态处理即可得到相应的 SPEI 值:

$$SPEI = W - \frac{C_0 + C_1 + C_2 W^2}{1 + d_1 W + d_2 W^2 + d_3 W^3} \tag{3-5}$$

$$W = \sqrt{-2\ln(P)} \tag{3-6}$$

式中:当 $P \leqslant 0.5$ 时,$P = F(x)$;当 $P > 0.5$ 时,$P = 1 - F(x)$。其他参数设定分别为 $C_0 = 2.515\,517$,$C_1 = 0.802\,853$,$C_2 = 0.010\,328$,$d_1 = 1.432\,788$,$d_2 = 0.189\,269$,$d_3 = 0.001\,308$。

干旱等级划分标准见表 3-1。

表 3-1 干旱等级划分标准

等级	类型	SPEI
1	无旱	$(-0.5, +\infty)$
2	轻旱	$(-1, -0.5]$
3	中旱	$(-1.5, -1]$
4	重旱	$(-2, -1.5]$
5	特旱	$(-\infty, -2]$

由于贵州省烟草的生育期共有 3 个阶段,在 5 月进入伸根期,在 6 月进入旺长期,在 7~8 月进入成熟期,因此烟草的全生育期为 5~8 月。将 5 月的 1 个月时间尺度 SPEI (SPEI-1)表示伸根期阶段的干旱特征,同理,旺长期阶段的干旱特征用 6 月的 1 个月时

间尺度 SPEI(SPEI-1)来表示,成熟期的干旱特征用 8 月的 2 个月时间尺度 SPEI(SPEI-2)来表示,因此全生育期对应的是 8 月的 4 个月时间尺度 SPEI(SPEI-4)。通过统计烟草在不同生育期的干旱频率和强度,并运用 Arcgis 软件进行空间插值,可以得到贵州省烟草在不同生育期内的干旱空间分布特征。

3.2.2　干旱频率与干旱强度

干旱频率是用来评价某区域有资料年份内干旱的发生频繁程度,即该区域发生干旱年数占总年数百分比,计算方法为:

$$F = \frac{n}{N} \times 100\% \tag{3-7}$$

式中:F 为干旱频率;n 为发生干旱年数;N 为总年数。

本研究基于 SPEI 定义了单个栅格某时段内的干旱强度:发生干旱时 SPEI 累积值的平均值的绝对值即为该时段的干旱强度,其值越大,干旱程度越强,计算方法为:

$$I = \left| \frac{1}{n} \sum_{i=1}^{n} SPEI_i \right| \tag{3-8}$$

式中:I 为干旱强度;n 为发生干旱次数;$SPEI_i$ 为研究期间内发生干旱时的 SPEI 值。

3.2.3　极点对称模态分解方法 ESMD

极点对称模态分解方法 ESMD 是借鉴了傅立叶变换的思想,它将希尔伯特-黄变换方法进行改进,可用于信息科学、生态学、气象学、水文学等所有涉及数据处理的学科。ESMD 方法继承了经验模态分解方法 EMD 的优势,使用最小二乘法来获取最终剩余模态,从而得到整个序列的"自适应全局均线",并以此确定最佳筛选次数。作为一种数据驱动的自适应非线性时变信号分解方法,ESMD 具有较强的自适应性和局部特性,适合于非线性、非平稳的时间序列分析。ESMD 方法是获取整个时间序列变化趋势与周期的最新方法之一,可以将原始时间序列分解成为一系列 IMF 分量和一个趋势项 R,该趋势项 R 即代表整个序列在研究时段内的波动状况。本研究采用 ESMD 方法将干旱指数时间序列进行分解,得到的趋势项 R 可反映干旱指数时间序列的整体变化趋势,从而可描述旱情的总体波动特征。该分解方法具体过程如下:

(1)假设一个时间序列为 x_t,求出其所有极大值点与极小值点,记为 $A_i(1 \leqslant i \leqslant n)$。

(2)把所有相邻的 A_i 用线段连接起来,将它们的中点记为 $M_i(1 \leqslant i \leqslant n-1)$,并将边界中点添加到左右两端。

(3)利用 $n+1$ 个中点构建 q 条内插曲线 $C_1, C_2, \cdots, C_q(q \geqslant 1)$,并计算其平均值 $\bar{C} = (C_1 + C_2 + \cdots + C_q)/q$。

(4)对序列 $x_t - \bar{C}$ 重复以上 3 个步骤,直到 $|\bar{C}| \leqslant \varepsilon$ 或者筛选次数达到预先给定的最大值 K,得到第一个 IMF 分量 F_1。

(5)对剩余序列 $x_t - F_1$ 重复以上 4 个步骤,直至剩余序列 R_0 不再大于预先给定的极值点,即可得到 IMF 分量 $F_2, F_3, \cdots$。

(6)在限定区间$[K_{min}, K_{max}]$内改变K值并重复以上 5 个步骤,求得序列$x_t - R_0$的方差σ^2,并对K和σ/σ_0进行绘图,在图中找到σ/σ_0最小值所对应的K_0。将K_0看作限制条件,再次重复以上 5 个步骤,最终即可得到序列的自适应全局均线R,也就是序列的趋势项。

经过 ESMD 分解后,原始的时间序列可表示为$x_t = \sum_{i=1}^{n} F_i + R$,即利用 ESMD 方法将时间序列分解成为一系列的 IMF 分量和一个趋势项R。

3.2.4　烟草产量分解

烟草产量的形成受各种各样自然和环境因素的相互制约。通常情况下,从影响产量形成的各个因素的性质和时间尺度的角度来将烟草的产量分解为气象产量、趋势产量和随机产量 3 个组成部分。其中,气象产量是气象要素短时间的变化所导致的烟草产量波动的那部分分量,它主要取决于烟草生长期的农业气象条件;烟草趋势产量反映了一定历史时期的社会经济技术发展水平,如施肥、耕作措施、病虫害控制能力、品种改良、经营管理水平及其他增产措施对产量的影响;随机产量主要由统计中的随机误差及一些没有考虑到的偶然因素引起。烟草实际产量的分解采用如下公式:

$$y = y_t + y_w + \varepsilon \tag{3-9}$$

式中:y为烟草的实际产量,kg/亩;y_t为烟草的趋势产量,kg/亩;y_w为烟草的气象产量,kg/亩;ε为烟草的随机产量,kg/亩,该部分影响很小,可忽略不计。

趋势产量的模拟采用 Origin2017 软件中分析板块的多项式拟合,本书拟采用 3 次多项式、4 次多项式、5 次多项式模拟。

本书中采用相对气象产量来表征实际产量偏离趋势产量的比例,相对气象产量计算是用烟草逐年的实际产量与其趋势产量的差值比上趋势产量,其计算公式为:

$$Y_W = \frac{y - y_t}{y_t} \times 100\% \tag{3-10}$$

式中:Y_W为烟草相对气象产量,%;y、y_t与上式含义相同。

相对气象产量同样有正有负,正值代表气象条件适宜,烟草产量增加,而相对气象产量的负值即为减产率,表明气象条件不利于烟草生长,造成减产。

3.2.5　烟草生育阶段需水量计算

烟草生育阶段需水量由生育阶段内逐旬需水量累积得到。逐旬需水量利用 FAO 推荐的作物系数法计算,把标准条件下(长势良好,供水充足)的逐旬蒸散量作为理论需水量,计算公式如下:

$$ET_c = K_c \times ET_0 \tag{3-11}$$

式中:ET_c为逐旬作物需水量,mm;ET_0为逐旬参照作物蒸散量,mm,只与气象要素有关,反映了不同地区不同时期大气蒸发能力对植物需水量的影响;K_c为逐旬作物系数,反映了作物蒸腾、土壤蒸发的综合效应,受作物类型、气候条件、土壤蒸发、作物生长状况等多种因素影响。参考刘国顺等研究成果,烟草旬作物系数见表 3-2。

表 3-2　烟草旬作物系数

生育期	伸根期			旺长期			成熟期					
月份	5 月			6 月			7~8 月					
旬序列	1	2	3	4	5	6	7	8	9	10	11	12
作物系数	0.75	0.85	0.95	1.10	1.25	1.30	1.10	0.95	0.90	0.85	0.80	0.75

采用作物系数法计算作物需水量 ET_c。根据贵州省灌溉试验站提供的主要种植结构及当地农业气象站提供试验结果等资料,确定不同作物逐时段的作物系数。有研究表明,彭曼-蒙蒂斯(Penman-Monteith)公式在我国西南地区有较好的适用性。本研究 ET_0 的计算采用此公式。

$$ET_0 = \frac{0.408\Delta(R_n - G) + \gamma\dfrac{900}{T + 273}U_2(e_s - e_a)}{\Delta + \gamma(1 + 0.34U_2)} \quad (3\text{-}12)$$

式中:ET_0 为参考作物蒸散量,mm/d;R_n 为冠层表面净辐射,MJ/($m^2 \cdot d$);G 为土壤热通量,MJ/($m^2 \cdot d$);T 为平均气温,℃;e_s 为饱和水气压,kPa;e_a 为实际水汽压,kPa;Δ 为饱和水汽压-气温关系曲线在 T 处的切线斜率,kPa/℃;γ 为湿度计常数,kPa/℃;U_2 为近地面 2 m 高处的风速,m/s。

3.2.6　烟草生育阶段有效降水量计算

有效降水量指总降水量中能够保存在作物根系层中用于满足作物蒸发蒸腾需要的那部分水量,不包括地表径流和渗漏至作物根系吸水层以下的部分。

某次降水的有效降水量计算公式:

$$P_{ej} = \alpha_j P_j \quad (3\text{-}13)$$

式中:P_j 为第 j 次降水的降水总量,mm;α_j 为有效利用系数。

考虑到贵州地区地形坡度大、土地瘠薄以及独特的喀斯特地貌等因素,α 的取值如下:当 $P_j \leq 5$ mm 时,$\alpha_j = 0$;当 5 mm $< P_j \leq 50$ mm 时,$\alpha_j = 0.85$;当 $P_j > 50$ mm 时,$\alpha_j = 0.75$。

生育阶段 i 内多次降水的有效降水量累加得到生育阶段有效降水量 P_{ei}:

$$P_{ei} = \sum_{j=1}^{n} P_{ej,i} \quad (3\text{-}14)$$

3.2.7　烟草生育阶段水分盈亏指数计算

为了更准确地反映烟草 3 个生育阶段的需水特性及水分供应状况,以生育阶段潜在蒸散量为需水指标,以有效降水量为供水指标,基于作物水分亏缺指数构建烤烟生育阶段水分盈亏指数 CWSDI(Crop Water Surplus Deficit Index)表征水分盈亏程度。

$$CWSDI_i = \frac{P_{ei} - ET_{ci}}{ET_{ci}} \quad (3\text{-}15)$$

式中:$i(i = 1,2,3)$ 表示生育阶段,$i = 1$、2、3 时分别表示还苗—团棵期(伸根期)、团棵—现蕾期(旺长期)、现蕾—采收结束(成熟期);ET_{ci} 为生育阶段 i 的需水量,mm;P_{ei} 为有效降水量,mm。

$CWSDI_i$ 为水分盈亏指数。当 $CWSDI_i>0$ 时,表示生育阶段 i 水分盈余;当 $CWSDI_i=0$ 时,表示水分收支平衡;当 $CWSDI_i<0$ 时,表示水分亏缺。

3.3　烟草生育期内干旱历史演变规律

3.3.1　时间演变特征

图 3-1 为湄潭县烟草不同生育期干旱时间变化特征。

从图 3-1 可以看出,1960~2019 年湄潭县烟草在伸根期、旺长期、成熟期、全生育期的 SPEI 线性倾向率分别为-0.13/10 a、0.03/10 a、-0.01/10 a、-0.02/10 a,烟草在旺长期干旱呈波动下降趋势,而在伸根期、成熟期、全生育期干旱均呈波动上升趋势,并且烟草在伸根期的干旱上升趋势最为明显。其中,烟草在伸根期内,共有 18 年发生干旱,最严重的干旱发生在 2007 年,SPEI 达到最小值-2.16,干旱等级为特旱。在旺长期内,共有 21 年发生干旱,最严重的干旱发生在 2008 年,SPEI 达到最小值-1.90,干旱等级为重旱。在成熟期内,共有 21 年发生干旱,最严重的干旱发生在 2013 年,SPEI 达到最小值-2.02,干旱等级为特旱。在全生育期内,共有 18 年发生干旱,最严重的干旱发生在 2018 年,SPEI 达到最小值-2.08,干旱等级为特旱。

图 3-2 为威宁县烟草不同生育期干旱时间变化特征。

从图 3-2 可以看出,1960~2019 年威宁县烟草在伸根期、旺长期、成熟期、全生育期的 SPEI 线性倾向率分别为-0.10/10 a、-0.02/10 a、-0.05/10 a、-0.07/10 a,烟草在伸根期、旺长期、成熟期、全生育期干旱均呈波动上升趋势,并且烟草在伸根期的干旱上升趋势最为明显。其中,烟草在伸根期内,共有 19 年发生干旱,最严重的干旱发生在 1963 年,SPEI 达到最小值-2.07,干旱等级为特旱。在旺长期内,共有 19 年发生干旱,最严重的干旱发生在 1984 年,SPEI 达到最小值-1.82,干旱等级为重旱。在成熟期内,共有 18 年发生干旱,最严重的干旱发生在 2006 年,SPEI 达到最小值-2.57,干旱等级为特旱。在全生育期内,共有 20 年发生干旱,最严重的干旱发生在 1989 年,SPEI 达到最小值-2.16,干旱等级为特旱。

图 3-3 为兴仁市烟草不同生育期干旱时间变化特征。

从图 3-3 可以看出,1960~2019 年兴仁市烟草在伸根期、旺长期、成熟期、全生育期的 SPEI 线性倾向率分别为-0.18/10 a、0.01/10 a、-0.06/10 a、-0.10/10 a,烟草在旺长期干旱呈波动下降趋势,而在伸根期、成熟期、全生育期干旱均呈波动上升趋势,并且烟草在伸根期的干旱上升趋势最为明显。其中,烟草在伸根期内,共有 20 年发生干旱,最严重的干旱发生在 1963 年,SPEI 达到最小值-2.15,干旱等级为特旱。在旺长期内,共有 23 年发生干旱,最严重的干旱发生在 1961 年,SPEI 达到最小值-1.83,干旱等级为重旱。在成熟期内,共有 19 年发生干旱,最严重的干旱发生在 2011 年,SPEI 达到最小值-2.38,干旱等级为特旱。在全生育期内,共有 19 年发生干旱,最严重的干旱发生在 2013 年,SPEI 达到最小值-2.19,干旱等级为特旱。

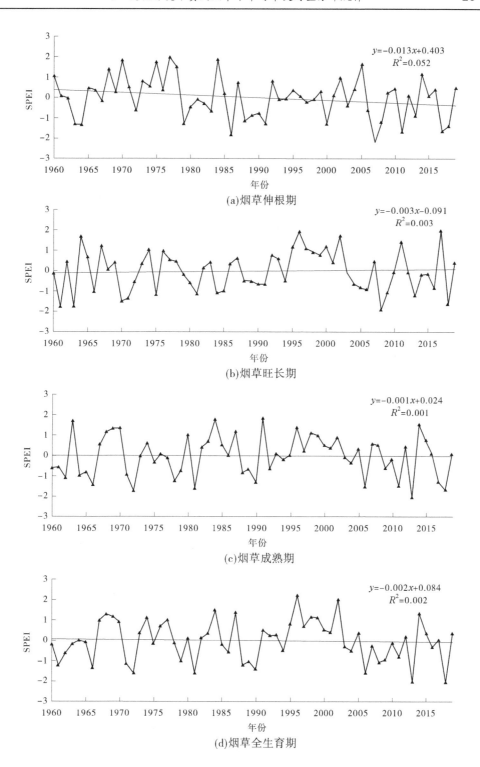

(a)烟草伸根期

(b)烟草旺长期

(c)烟草成熟期

(d)烟草全生育期

图 3-1 湄潭县烟草不同生育期干旱时间变化特征

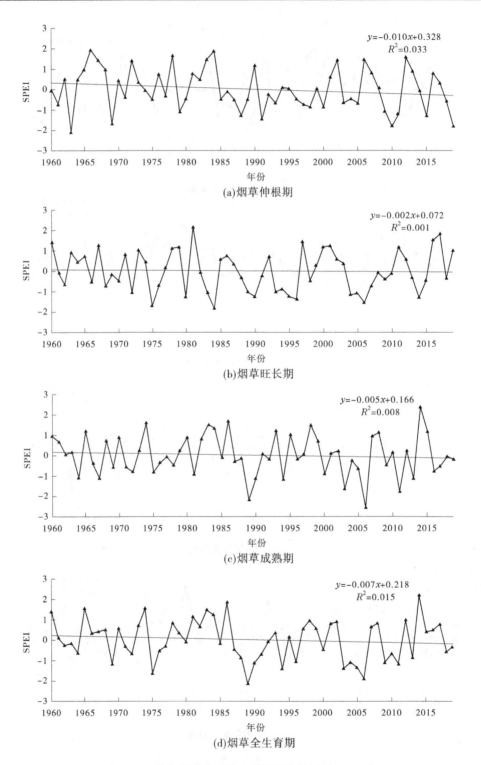

图 3-2　威宁县烟草不同生育期干旱时间变化特征

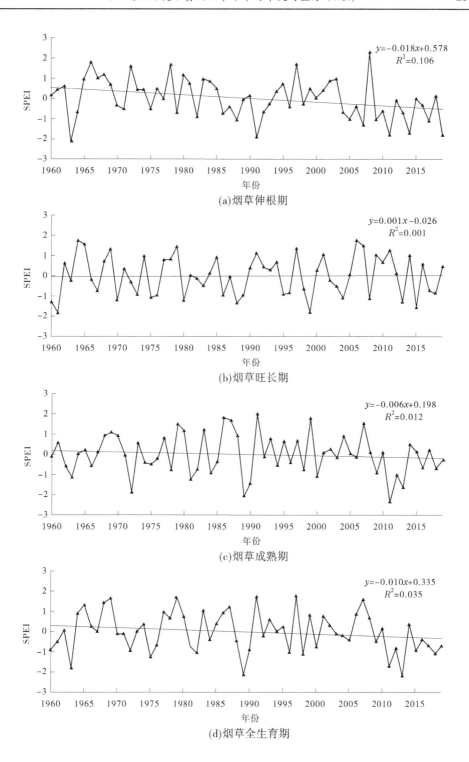

图 3-3 兴仁市烟草不同生育期干旱时间变化特征

图 3-4 为思南县烟草不同生育期干旱时间变化特征。

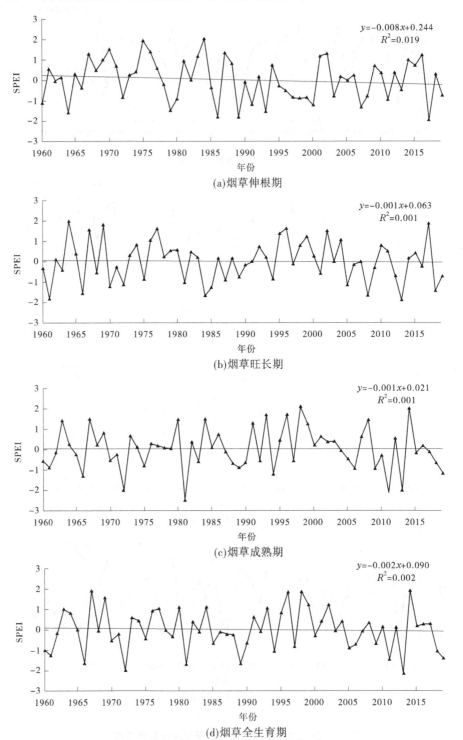

图 3-4　思南县烟草不同生育期干旱时间变化特征

从图 3-4 可以看出,1960~2019 年思南县烟草在伸根期、旺长期、成熟期、全生育期的 SPEI 线性倾向率分别为−0.08/10 a、−0.01/10 a、−0.01/10 a、−0.02/10 a,烟草在伸根期、旺长期、成熟期、全生育期干旱均呈波动上升趋势,并且烟草在伸根期的干旱上升趋势最为明显。其中,烟草在伸根期内,共有 20 年发生干旱,最严重的干旱发生在 2017 年,SPEI 达到最小值−1.91,干旱等级为重旱。在旺长期内,共有 19 年发生干旱,最严重的干旱发生在 2013 年,SPEI 达到最小值−1.91,干旱等级为重旱。在成熟期内,共有 21 年发生干旱,最严重的干旱发生在 1981 年,SPEI 达到最小值−2.49,干旱等级为特旱。在全生育期内,共有 18 年发生干旱,最严重的干旱发生在 2013 年,SPEI 达到最小值−2.14,干旱等级为特旱。

图 3-5 为贵州省烟草不同生育期干旱时间变化特征。

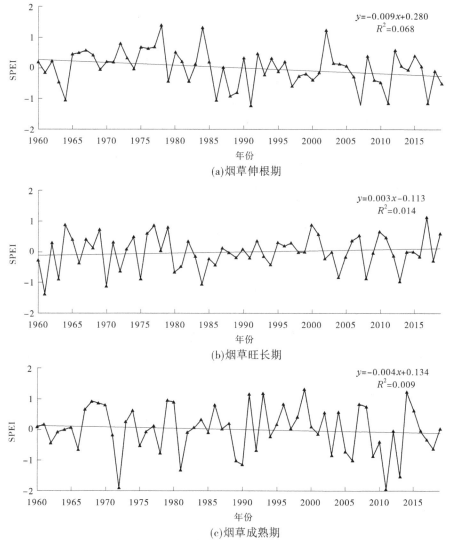

图 3-5　贵州省烟草不同生育期干旱时间变化特征

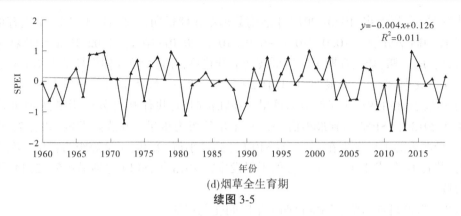

$y=-0.004x+0.126$
$R^2=0.011$

(d)烟草全生育期

续图 3-5

从图 3-5 可以看出,1960~2019 年贵州省烟草在伸根期、旺长期、成熟期、全生育期的 SPEI 线性倾向率分别为-0.09/10 a、0.03/10 a、-0.04/10 a、-0.04/10 a,烟草在旺长期干旱呈波动下降趋势,而在伸根期、成熟期、全生育期干旱均呈波动上升趋势,并且烟草在伸根期的干旱上升趋势最为明显。其中,烟草在伸根期内,共有 10 年发生干旱,最严重的干旱发生在 1991 年,SPEI 达到最小值-1.20,干旱等级为中旱。在旺长期内,共有 10 年发生干旱,最严重的干旱发生在 1961 年,SPEI 达到最小值-1.37,干旱等级为中旱。在成熟期内,共有 15 年发生干旱,最严重的干旱发生在 2011 年,SPEI 达到最小值-1.93,干旱等级为重旱。在全生育期内,共有 14 年发生干旱,最严重的干旱发生在 2011 年,SPEI 达到最小值-1.60,干旱等级为重旱。

采用极点对称模态分解方法 ESMD 将干旱指数 SPEI 时间序列进行分解,得到的趋势项 R 可反映干旱指数时间序列的整体变化趋势,从而可描述旱情的总体波动特征。以湄潭县烟草伸根期 SPEI 时间序列为例,对其进行 ESMD 分解,当最佳筛选次数达到 23 次时则趋势项 R 对应的方差比率最小,此时 ESMD 分解自动停止,据此可以得到 4 个 IMF 分量和 1 个趋势项 R。图 3-6 为基于 ESMD 分解的湄潭县烟草伸根期 SPEI 的 IMF 分量及趋势项 R,该趋势项 R 表示的即为原始时间序列的变化波动情况,即湄潭县烟草伸根期干旱时间演变趋势。为验证 ESMD 分解结果的可靠性,用分解得到的 IMF1~IMF4 和趋势项 R 进行合成得到 1 个重构序列,发现重构序列与原始的 SPEI 序列完全重合,这表明 ESMD 方法具有完备性且分解结果是可靠的。由图可以看出,趋势项呈现出先下降后上升的变化趋势,即湄潭县烟草伸根期干旱呈现出先增加后减缓的变化特征。

图 3-7~图 3-11 分别为基于 ESMD 分解的湄潭县、威宁县、兴仁市、思南县及贵州全省烟草不同生育期 SPEI 的趋势项 R,可以反映烟草不同生育期干旱的时间演变趋势。由于各个地区的气候特征以及烟草生育期的不同,干旱的时间变化特征也是不同的。

从图 3-7 可以看出,1960~2019 年湄潭县在烟草伸根期内干旱程度呈先增加后减缓变化趋势,旺长期呈现轻微减缓—增加—下降变化趋势,成熟期呈现增加—减缓—增加的变化趋势,在全生育期干旱程度呈现增加—轻微下降—增加的变化趋势。

从图 3-8 可以看出,1960~2019 年威宁县在烟草伸根期内干旱程度呈先增加后减缓变化趋势,旺长期呈现先下降后上升的变化趋势,成熟期呈现轻微减缓趋于平稳的变化趋势。在全生育期,干旱程度呈现先轻微减缓后增加再下降的变化趋势。

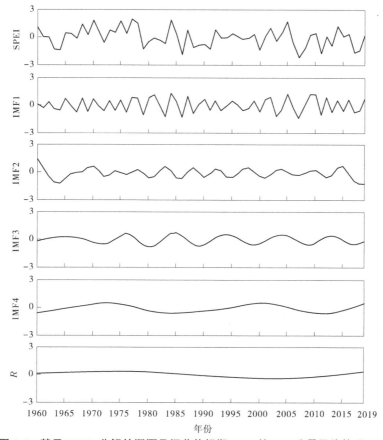

图 3-6 基于 ESMD 分解的湄潭县烟草伸根期 SPEI 的 IMF 分量及趋势项 R

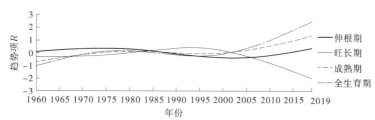

图 3-7 基于 ESMD 分解的湄潭县烟草不同生育期干旱时间演变趋势

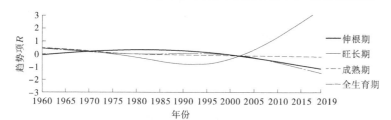

图 3-8 基于 ESMD 分解的威宁县烟草不同生育期干旱时间演变趋势

从图 3-9 可以看出,1960~2019 年兴仁市在烟草伸根期内干旱程度呈下降—轻微上升—下降变化趋势,旺长期呈现轻微上升—轻微下降—轻微上升的变化趋势,成熟期呈现轻微上升—轻微下降—轻微上升的变化趋势。在全生育期,干旱程度呈现先轻微上升后

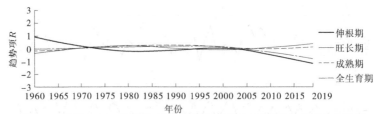

图 3-9　基于 ESMD 分解的兴仁市烟草不同生育期干旱时间演变趋势

下降的变化趋势。

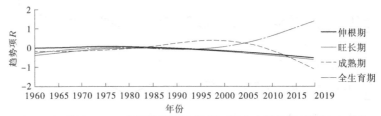

图 3-10　基于 ESMD 分解的思南县烟草不同生育期干旱时间演变趋势

从图 3-10 可以看出，1960~2019 年思南县在烟草伸根期内干旱程度呈下降的变化趋势，旺长期呈先轻微上升后下降的变化趋势，成熟期呈轻微上升后下降的变化趋势。在全生育期干旱程度呈先平稳后上升的变化趋势。

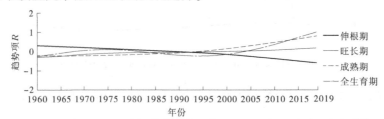

图 3-11　基于 ESMD 分解的贵州省烟草不同生育期干旱时间演变趋势

从图 3-11 可以看出，1960~2019 年贵州全省在烟草伸根期内干旱程度呈下降趋势，旺长期呈先轻微上升的变化趋势，成熟期呈上升趋势。在全生育期干旱程度呈上升—下降—上升的变化趋势。

综合以上五幅图可以看出，近 60 年来烟草各生育期干旱程度的发展各有不同。伸根期干旱程度整体呈下降趋势，且下降幅度不大。全省范围内，旺长期干旱程度波动不大。在四个典型区中，兴仁及思南旺长期干旱变化较为平缓，湄潭整体呈下降趋势，而威宁则呈现上升趋势。这主要是由于 1995 年后湄潭降雨在旺长期内出现增多趋势，而在威宁出现下降趋势。贵州整体在成熟期干旱呈轻微上升趋势。在四个典型区中，兴仁市成熟期干旱趋势与贵州省整体较为一致；威宁呈上升趋势并且上升趋势较为明显；思南及湄潭在成熟期干旱呈下降趋势，且思南下降趋势较为明显。进一步分析可知，各典型区在成熟期干旱发生变化的年份也集中在 1995 年左右，说明近 25 年来，贵州省气象变化较为突出。同时，贵州全省近 25 年来，在烟草全生育期干旱程度呈上升趋势，有必要采取相关措施应对干旱，保证烟草产量与质量。

3.3.2 空间演变特征

图 3-12 为贵州省烟草在伸根期、旺长期、成熟期和全生育期内的干旱频率的空间分布特征。

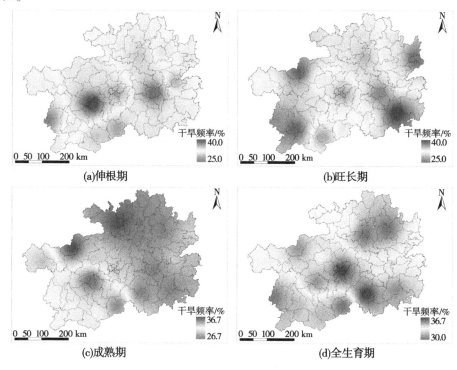

图 3-12 贵州省烟草干旱频率空间分布特征

从图 3-12 可以看出,贵州省烟草在伸根期内的干旱频率范围为 25.0%~40.0%,干旱频率均值为 32.1%,干旱频率的最大值出现在安顺西秀区,其值为 37.9%;烟草在旺长期内的干旱频率范围为 25.0%~40.0%,干旱频率均值为 33.2%,干旱频率的最大值出现在黔东南榕江县,其值为 37.8%;烟草在成熟期内的干旱频率范围为 26.7%~36.7%,干旱频率均值为 33.2%,干旱频率的最大值出现在遵义桐梓县,其值为 36.0%;烟草在全生育期内的干旱频率范围为 30.0%~36.7%,干旱频率均值为 33.1%,干旱频率的最大值出现在贵阳云岩区,其值为 36.6%。

综合可以看出,贵州全省在烟草各生育期内干旱频率范围相差不大,但各生育期干旱频率空间分布有所不同。伸根期干旱频率最大值出现在安顺,旺长期出现在黔东南,成熟期出现在遵义,全生育期出现在贵阳。同时可以看出,不同生育阶段,干旱发生频繁程度范围有所不同。伸根期干旱发生频繁的区域集中在安顺;旺长期干旱发生频繁的区域较为松散,分别集中在毕节中北部、黔西南及六盘水西南部及黔东南的东南部;成熟期除六盘水、安顺、黔西南、毕节西部外,贵州其余地区干旱发生都较为频繁。说明烟草种植在不同生育阶段制定不同策略的同时也要因地制宜,不同地区根据干旱发生的规律的不同有不同防灾减灾侧重点。

图 3-13 为贵州省烟草在伸根期内轻旱频率、中旱频率、重旱频率和特旱频率的空间分布特征。

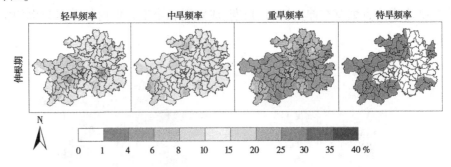

图 3-13　贵州省烟草伸根期内不同等级干旱频率空间分布特征

从图 3-13 可以看出,贵州省烟草在伸根期内发生轻旱频率的范围为 3.3%~23.3%,轻旱频率均值为 14.0%,轻旱频率的最大值出现在普定县,其值为 21.0%。伸根期内发生中旱频率的范围为 5.0%~16.6%,中旱频率均值为 11.2%,中旱频率的最大值出现在凯里市,其值为 15.9%。伸根期内发生重旱频率的范围为 3.3%~8.3%,重旱频率均值为 5.7%,重旱频率的最大值出现在思南县,其值为 7.5%。伸根期内发生特旱频率的范围为 0.1%~3.3%,特旱频率均值为 1.2%,特旱频率的最大值出现在望谟县,其值为 3.0%。

图 3-14 为贵州省烟草在旺长期内轻旱频率、中旱频率、重旱频率和特旱频率的空间分布特征。

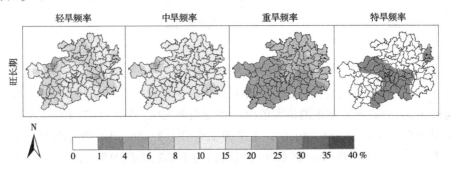

图 3-14　贵州省烟草旺长期内不同等级干旱频率空间分布特征

从图 3-14 可以看出,贵州省烟草在旺长期内发生轻旱频率的范围为 6.67%~26.7%,轻旱频率均值为 14.8%,轻旱频率的最大值出现在七星关区,其值为 23.2%。旺长期内发生中旱频率的范围为 5.0%~18.3%,中旱频率均值为 11.8%,中旱频率的最大值出现在威宁县,其值为 16.4%。旺长期内发生重旱频率的范围为 3.3%~8.3%,重旱频率均值为 5.8%,重旱频率的最大值出现在三穗县,其值为 8.0%。旺长期内发生特旱频率的范围为 0.1%~1.7%,特旱频率均值为 0.8%,特旱频率的最大值出现在云岩区,其值为 1.6%。

图 3-15 为贵州省烟草在成熟期内轻旱频率、中旱频率、重旱频率和特旱频率的空间分布特征。

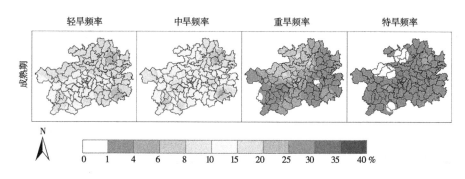

图 3-15 贵州省烟草成熟期内不同等级干旱频率空间分布特征

从图 3-15 可以看出,贵州省烟草在成熟期内发生轻旱频率的范围为 8.3%~23.3%,轻旱频率均值为 15.8%,轻旱频率的最大值出现在思南县,其值为 21.4%。成熟期内发生中旱频率的范围为 5.0%~19.9%,中旱频率均值为 10.6%,中旱频率的最大值出现在凯里市,其值为 18.1%。成熟期内发生重旱频率的范围为 0.1%~8.3%,重旱频率均值为 4.4%,重旱频率的最大值出现在黔西市,其值为 7.5%。成熟期内发生特旱频率的范围为 0.1%~5.0%,特旱频率均值为 2.4%,特旱频率的最大值出现在思南县,其值为 4.3%。

图 3-16 为贵州省烟草在全生育期内轻旱频率、中旱频率、重旱频率和特旱频率的空间分布特征。

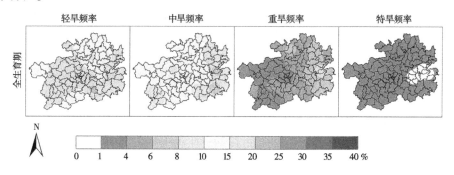

图 3-16 贵州省烟草全生育期内不同等级干旱频率空间分布特征

从图 3-16 可以看出,贵州省烟草在全生育期内发生轻旱频率的范围为 8.3%~21.7%,轻旱频率均值为 15.6%,轻旱频率的最大值出现在独山县,其值为 19.8%。全生育期内发生中旱频率的范围为 6.7%~15.0%,中旱频率均值为 10.6%,中旱频率的最大值出现在云岩区,其值为 14.8%。全生育期内发生重旱频率的范围为 1.7%~10.0%,重旱频率均值为 5.0%,重旱频率的最大值出现在三穗县,其值为 9.5%。全生育期内发生特旱频率的范围为 0.1%~3.3%,特旱频率均值为 1.9%,特旱频率的最大值出现在兴仁市,其值为 3.1%。

图 3-17 为贵州省烟草在伸根期、旺长期、成熟期和全生育期内的干旱强度的空间分布特征。

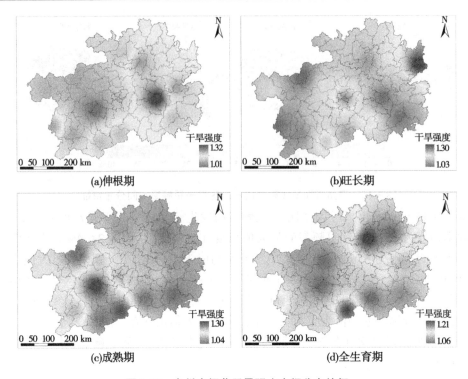

图 3-17　贵州省烟草干旱强度空间分布特征

从图 3-17 可以看出,贵州省烟草在伸根期内的干旱强度范围为 1.01~1.32,干旱强度均值为 1.14,其中贵州省中东部干旱强度较大,干旱强度的最大值出现在凯里市,其值为 1.28;烟草在旺长期内的干旱强度范围为 1.03~1.30,干旱强度均值为 1.12,其中贵州省东部干旱强度较大,干旱强度的最大值出现在碧江区,其值为 1.28;烟草在成熟期内的干旱强度范围为 1.04~1.30,干旱强度均值为 1.13,其中贵州省西南部干旱强度较大,干旱强度的最大值出现在西秀区,其值为 1.24;烟草在全生育期内的干旱强度范围为 1.06~1.21,干旱强度均值为 1.12,其中贵州省东北部和南部干旱强度较大,干旱强度的最大值出现在湄潭县,其值为 1.19。

图 3-18 为贵州省烟草在伸根期内轻旱强度、中旱强度、重旱强度和特旱强度的空间分布特征。

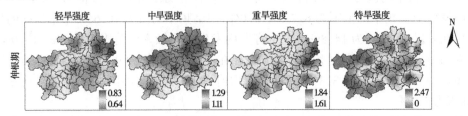

图 3-18　贵州省烟草伸根期内不同等级干旱强度空间分布特征

从图 3-18 可以看出,贵州省烟草在伸根期内发生轻旱强度的范围为 0.64~0.83,轻旱强度均值为 0.74,轻旱强度的最大值出现在碧江区,其值为 0.81。伸根期内发生中旱强度的范围为 1.11~1.29,中旱强度均值为 1.22,中旱强度的最大值出现在凯里市,其值为1.27。伸根期内发生重旱强度的范围为1.61~1.84,重旱强度均值为1.73,重旱强度的最大值出现在三穗县,其值为1.83。伸根期内发生特旱强度的范围为0~2.47,特旱强度均值为1.94,特旱强度的最大值出现在盘州市,其值为2.21。

图3-19为贵州省烟草在旺长期内轻旱强度、中旱强度、重旱强度和特旱强度的空间分布特征。

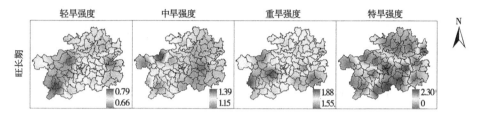

图3-19 贵州省烟草旺长期内不同等级干旱强度空间分布特征

从图3-19可以看出,贵州省烟草在旺长期内发生轻旱强度的范围为0.66~0.79,轻旱强度均值为0.73,轻旱强度的最大值出现在兴仁市,其值为0.78。旺长期内发生中旱强度的范围为1.15~1.39,中旱强度均值为1.23,中旱强度的最大值出现在七星关区,其值为1.35。旺长期内发生重旱强度的范围为1.55~1.88,重旱强度均值为1.72,重旱强度的最大值出现在普定县,其值为1.84。旺长期内发生特旱强度的范围为0~2.30,特旱强度均值为1.97,特旱强度的最大值出现在罗甸县,其值为2.12。

图3-20为贵州省烟草在成熟期内轻旱强度、中旱强度、重旱强度和特旱强度的空间分布特征。

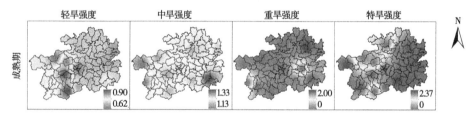

图3-20 贵州省烟草成熟期内不同等级干旱强度空间分布特征

从图3-20可以看出,贵州省烟草在成熟期内发生轻旱强度的范围为0.62~0.90,轻旱强度均值为0.73,轻旱强度的最大值出现在普定县,其值为0.86。成熟期内发生中旱强度的范围为1.13~1.33,中旱强度均值为1.23,中旱强度的最大值出现在榕江县,其值为1.29。成熟期内发生重旱强度的范围为0~2.00,重旱强度均值为1.54,重旱强度的最大值出现在思南县,其值为1.87。成熟期内发生特旱强度的范围为0~2.37,特旱强度均值为1.64,特旱强度的最大值出现在独山县,其值为2.20。

图3-21为贵州省烟草在全生育期内轻旱强度、中旱强度、重旱强度和特旱强度的空间分布特征。

从图3-21可以看出,贵州省烟草在全生育期内发生轻旱强度的范围为0.63~0.81,轻旱强度均值为0.72,轻旱强度的最大值出现在云岩区,其值为0.80。全生育期内发生中旱强度的范围为1.10~1.34,中旱强度均值为1.23,中旱强度的最大值出现在榕江县,

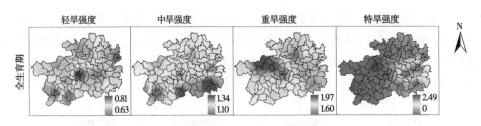

图 3-21　贵州省烟草全生育期内不同等级干旱强度空间分布特征

其值为 1.31。全生育期内发生重旱强度的范围为 1.60~1.97,重旱强度均值为 1.74,重旱强度的最大值出现在七星关区,其值为 1.92。全生育期内发生特旱强度的范围为 0~2.49,特旱强度均值为 1.88,特旱强度的最大值出现在黔西市,其值为 2.38。

3.4　基于水分亏缺率的烟草干旱指标

3.4.1　烟草水分盈亏指数与相对气象产量的关系

3.4.1.1　水分盈亏指数的正态分布检验

影响烟草相对气象产量的各种气象因子的时间序列应符合统计学中的某些分布特征,因为极端气象条件通常表现为致灾因子发生的概率较小,一般气象条件发生的概率较多,因此烟草不同生育期的水分盈亏指数也应遵循正态分布。图 3-22 描述了湄潭县烟草不同生育期水分盈亏指数的正态分布检验。采用 origin2017 软件中的统计模块中的分布拟合进行检验,偏度、峰度的临界值分别为 $C_{s_{(0.01,50)}} = 1.96, C_{e_{(0.01,50)}} = 1.96$。

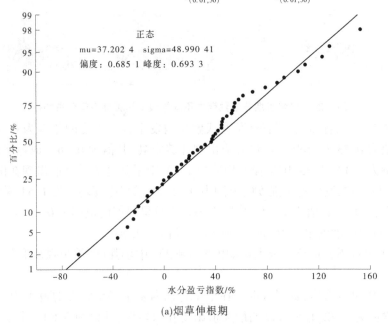

(a)烟草伸根期

图 3-22　湄潭县烟草不同生育期水分盈亏指数的正态概率

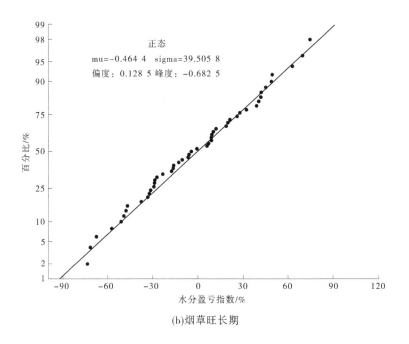

(b)烟草旺长期

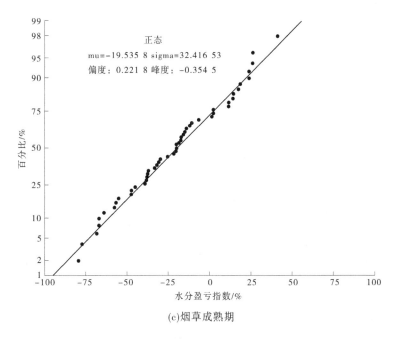

(c)烟草成熟期

续图 3-22

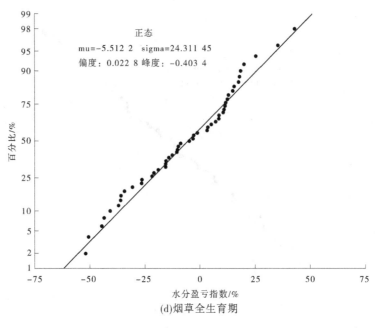

(d)烟草全生育期

续图 3-22

3.4.1.2　烟草产量分解

　　为了比较 3 次多项式、4 次多项式和 5 次多项式三种方法的拟合效果(见表 3-3),分别用湄潭县相对气象产量和烟草全生育期的水分盈亏指数进行相关分析。

表 3-3　三种模拟方法所得相对气象产量和烟草全生育期水分盈亏指数的关系

类型	3 次多项式	4 次多项式	5 次多项式
Pearson 相关系数	0.643 7	0.643 8	0.687 9
显著水平	0.001	0.001	0.001

　　从表 3-3 可以看出,湄潭县烟草相对气象产量和全生育期水分盈亏指数的相关关系十分显著,因此用水分盈亏指数来反映气象条件对产量的影响,用作判断烟草干旱的标准是可行的。但是,三种方法的模拟效果有些差异,其中以 5 次多项式模拟效果最好。因此,在进行产量趋势项模拟时,均采用 5 次多项式。

　　以 5 次多项式模拟各站点的趋势产量,图 3-23 显示了对湄潭县历年烟草实际产量与趋势产量模拟。

　　得到烟草趋势产量后,根据相对气象产量公式,可得到烟草相对气象产量。图 3-24 给出了湄潭县烟草的相对气象产量,相对气象产量的负值即为减产率。

　　从图 3-24 可以看出,相对气象产量为负值的年份较多,说明湄潭县烟草大多数年份存在减产现象,其中减产率超过 30% 的有 5 年。从变化趋势线可以看出,湄潭县烟草相对气象产量有增加趋势,递增速率为 1.4%/10 a,即减产率有下降趋势。从烟草需水量和有效降水量可知,湄潭县烟草生育期内烟草需水量有减小趋势,而有效降水量呈增加趋势,气候条件向有利于烟草生产方向转变。

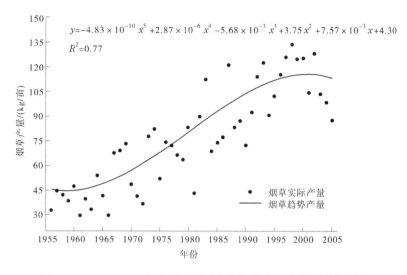

$$y=-4.83\times10^{-10}x^5+2.87\times10^{-6}x^4-5.68\times10^{-3}x^3+3.75x^2+7.57\times10^{-3}x+4.30$$
$$R^2=0.77$$

图 3-23 1956~2005 年贵州湄潭县历年烟草实际产量与趋势产量

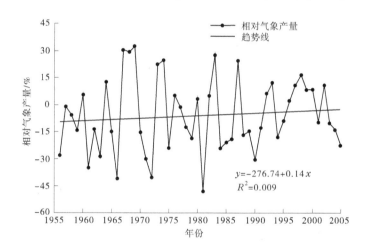

$$y=-276.74+0.14x$$
$$R^2=0.009$$

图 3-24 1956~2005 年贵州湄潭县历年烟草相对气象产量

由于影响相对气象产量的各种气象因子的时间序列具有正态分布特征,即极端气象条件通常表现为致灾因子发生的概率较小,一般气象条件发生的概率较多,故相对气象产量序列也应具有正态分布的属性。图 3-25 给出了湄潭县相对气象产量的正态分布概率图,图形呈线性,说明数据来自正态分布。

3.4.1.3 不同生育期水分盈亏指数与相对气象产量

基于上述理论与方法,计算典型区历年水分盈亏指数,并分析它与烟草相对气象产量之间的相关关系,结果如表 3-4 所示。

由表 3-4 可以看出,烟草不同生育阶段的水分盈亏指数对产量的影响是不同的。其中,旺长期和全生育期降水对烟草产量的影响最大,此期的水分盈亏指数同产量的相关性最密切,相关系数均达到极显著水平。其次,成熟期的水分盈亏指数也同产量具有显著的相关性。而在四个典型区中,伸根期水分盈亏指数与产量的相关性均不显著。一方面是

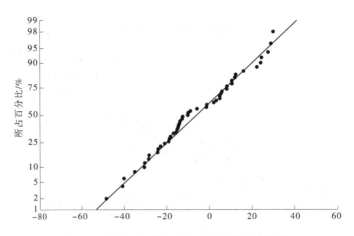

图 3-25　湄潭县烟草相对气象产量的正态概率

部分站点(如湄潭)在该生育期几乎不发生干旱情况;另一方面,在烟草移栽的时候,多数站点均有补充灌溉,保证烟苗成活。

表 3-4　不同生育阶段水分盈亏指数同相对气象产量的相关分析

地点	项目	伸根期	旺长期	成熟期	全生育期
湄潭	相关系数	0.011	0.568	0.485	0.643
	显著水平		0.01	0.01	0.001
威宁	相关系数	−0.072	0.666	0.362	0.657
	显著水平		0.001	0.01	0.001
兴仁	相关系数	0.016	0.357	0.585	0.653
	显著水平		0.01	0.001	0.001
思南	相关系数	−0.013	0.527	0.518	0.648
	显著水平		0.01	0.01	0.001

3.4.2　基于水分盈亏指数的烟草干旱模型

3.4.2.1　烟草旺长期

贵州省烟草团棵—现蕾期(旺长期),通常为5月中下旬至6月中下旬,其中黔西南州进入旺长期较早,时间稍长,此期为烟草需水的关键期,降水量的多少严重影响着烟草的产量与品质。通过水分盈亏指数与相对气象产量的分析得出,旺长期的水分盈亏指数和相对气象产量具有显著的相关性。因此,将旺长期水分盈亏指数与对应的相对气象产量数据序列进行回归分析,建立它们之间的回归方程,确定干旱年份水分亏缺率同减产率之间的定量关系。经过统计分析,贵州省湄潭和威宁两站点的水分盈亏指数和相对气象产量的关系如图 3-26 所示。

其对应的回归方程分别为:

$$湄潭站\quad Y = 0.311X + 0.252 \tag{3-16}$$

$$威宁站\quad Y = 0.291X + 0.103 \tag{3-17}$$

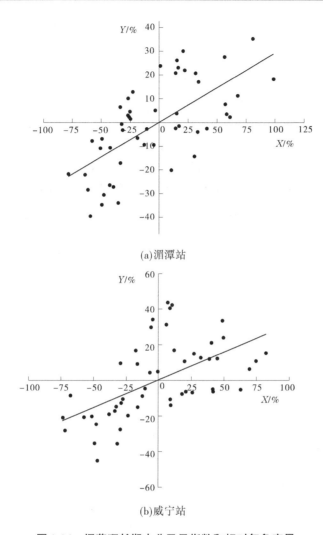

(a)湄潭站

(b)威宁站

图 3-26 烟草旺长期水分盈亏指数和相对气象产量

式中:Y 为烟草相对气象产量(%);X 为旺长期水分盈亏指数(%)。

用同样的方法,对其他站点进行类似分析,建立类似的一元线性回归方程,不同站点此期水分亏缺率(水分盈亏指数负值的绝对值)同减产百分率(相对气象产量负值的绝对值)的关系如表 3-5 所示。

表 3-5 烟草旺长期水分亏缺率和对应的减产率百分率

站点	不同水分亏缺率时的减产率/%									
	10	20	30	40	50	60	70	80	90	100
湄潭	3.36	6.47	9.59	12.70	15.81	18.92	22.03	25.15	28.26	31.37
威宁	3.01	5.92	8.83	11.74	14.65	17.55	20.46	23.37	26.28	29.19
兴仁	1.58	4.09	6.6	9.11	11.62	14.13	16.64	19.15	21.66	24.17
思南	4.15	6.88	9.61	12.34	15.07	17.8	20.53	23.26	25.99	28.72
平均	3.03	5.84	8.66	11.47	14.29	17.10	19.92	22.73	25.55	28.36

因此,用烟草旺长期水分亏缺率评估烟草产量损失的线性回归方程为:

$$Y = 0.281X + 0.213 \tag{3-18}$$

式中:Y 为减产率(%);X 为旺长期水分亏缺率(%)。

在农业上,通常以减产率来划分干旱等级,一般减产 10% 以下为轻旱,减产率 10% ~ 20% 为中旱,减产率 20% ~ 30% 为重旱,减产率大于 30% 为严重干旱。根据表 3-5,得到烟草旺长期水分亏缺率为指标的干旱等级标准见表 3-6。从表 3-6 中可以看出,烟草旺长期水分亏缺对产量所造成的损失不超过 30%,此生育期为烟草需水关键期,通常会采取一定灌溉措施,因此此期缺水造成的减产幅度相对较小。

表 3-6　不同干旱等级对应的烟草旺长期水分亏缺率

干旱等级	旺长期水分亏缺率/%	减产率/%
轻旱	$X \leqslant 35$	$Y \leqslant 10$
中旱	$35 < X \leqslant 70$	$10 < Y \leqslant 20$
重旱	$X > 70$	$20 < Y \leqslant 30$

3.4.2.2　烟草成熟期

贵州地区烟草现蕾—采收结束(成熟期),通常为 6 月中下旬至 8 月中下旬,其中黔西南州进入成熟期较早,该生育期历时较长,降水量的多少对烟叶品质影响较大。通过水分盈亏指数与相对气象产量的分析得出,成熟期的水分盈亏指数和相对气象产量具有显著的相关性。经过统计分析,贵州省湄潭和威宁两站点的水分盈亏指数和相对气象产量的关系如图 3-27 所示。

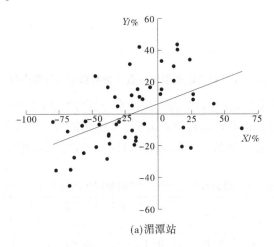

(a)湄潭站

图 3-27　烟草成熟期水分盈亏指数和相对气象产量的关系

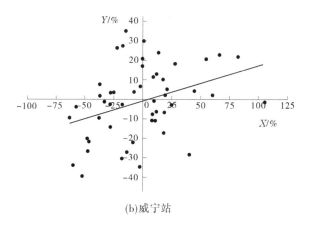

(b)威宁站

续图 3-27

其对应的回归方程分别为：

$$湄潭站 \quad Y = 0.324X + 6.432 \tag{3-19}$$
$$威宁站 \quad Y = 0.180X - 0.809 \tag{3-20}$$

用同样的方法，对其他站点进行类似分析，建立类似的一元线性回归方程，不同站点此期水分亏缺率同减产百分率的关系如表 3-7 所示。

表 3-7　烟草成熟期水分亏缺率和对应的减产率百分率

站点	不同水分亏缺率时的减产率/%									
	10	20	30	40	50	60	70	80	90	100
湄潭	9.67	12.91	16.15	19.39	22.63	25.87	29.11	32.35	35.59	38.83
威宁	0.99	2.79	4.59	6.39	8.19	9.99	11.79	13.59	15.39	17.19
兴仁	0.25	2.93	5.61	8.29	10.97	13.65	16.33	19.01	21.69	24.37
思南	3.67	5.92	8.17	10.42	12.67	14.92	17.17	19.42	21.67	23.92
平均	3.65	6.14	8.63	11.12	13.62	16.11	18.60	21.09	23.59	26.08

因此，用烟草成熟期水分亏缺率评估烟草产量损失的线性回归方程为：

$$Y = 0.249X + 1.154 \tag{3-21}$$

式中：Y 为烟草减产率(%)；X 为烟草成熟期水分亏缺率(%)。

根据表 3-8，并结合减产率划分的农业干旱等级，得到以烟草成熟期水分亏缺率为指标的干旱等级标准如表 3-8 所示。

表 3-8　不同干旱等级对应的成熟期水分亏缺率(X)

干旱等级	成熟期水分亏缺率/%	减产率/%
轻旱	$X \leq 35$	$Y \leq 10$
中旱	$35 < X \leq 75$	$10 < Y \leq 20$
重旱	$X > 75$	$20 < Y \leq 30$

从表 3-8 中可以看出,总体上此期水分亏缺对产量所造成的损失不超过 30%,一方面由于烟草成熟期历时较长,每年在该时期总会有一定降水。此外,烟草在该时期对水分的需求逐渐降低,因此该时期缺水造成的减产幅度相对较小。

3.4.2.3　烟草全生育期

贵州地区烟草全生育期,通常为 4 月中下旬至 9 月上旬,其中黔西南州烟草移栽较早,时间稍长。通过水分盈亏指数与相对气象产量的分析得出,烟草全生育期水分盈亏指数和相对气象产量具有显著的相关性。经过统计分析,贵州省湄潭和威宁两站点的水分盈亏指数和相对气象产量的关系如图 3-28 所示。

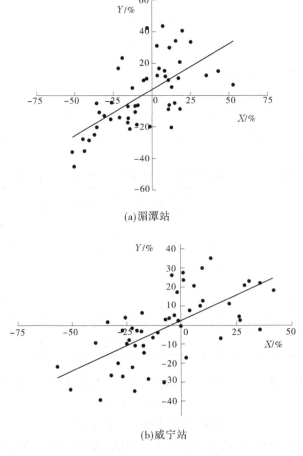

(a)湄潭站

(b)威宁站

图 3-28　烟草全生育期水分盈亏指数和相对气象产量

其对应的回归方程分别为:

$$湄潭站　Y = 0.573X + 3.265 \tag{3-22}$$
$$威宁站　Y = 0.531X + 2.51 \tag{3-23}$$

用同样的方法,对其他站点进行类似分析,建立类似的一元线性回归方程,不同站点此期水分亏缺率同减产百分率的关系如表 3-9 所示。

表3-9   烟草全生育期水分亏缺率和对应的减产百分率

站点	不同水分亏缺率时的减产率/%									
	10	20	30	40	50	60	70	80	90	100
湄潭	9.36	15.09	20.82	26.55	32.28	38.01	43.74	49.47	55.20	60.93
威宁	7.82	13.13	18.44	23.75	29.06	34.37	39.68	44.99	50.30	55.61
兴仁	1.93	7.36	12.79	18.22	23.65	29.08	34.51	39.94	45.37	50.8
思南	7.07	12.34	17.61	22.88	28.15	33.42	38.69	43.96	49.23	54.5
平均	6.55	11.98	17.42	22.85	28.29	33.72	39.16	44.59	50.03	55.46

因此,用烟草成熟期水分亏缺率评估烟草产量损失的线性回归方程为:

$$Y = 0.543X + 1.113 \qquad (3-24)$$

根据表3-9,并结合减产率划分的农业干旱等级,得到烟草全生育期水分亏缺率为指标的干旱等级标准如表3-10所示。

表3-10   不同干旱等级对应的全生育期水分亏缺率(X)

干旱等级	全生育期水分亏缺率/%	减产率/%
轻旱	$X \leqslant 15$	$Y \leqslant 10$
中旱	$15 < X \leqslant 35$	$10 < Y \leqslant 20$
重旱	$35 < X \leqslant 55$	$20 < Y \leqslant 30$
严重干旱	$X > 55$	$Y > 30$

3.4.3   水分亏缺指数变化规律

选取湄潭县1956~2005年烟草全生育期(5~8月)气象资料,通过计算烟草不同生育期需水量、有效降水量、水分盈亏指数,得到烟草不同生育期的需水量、有效降水量、水分盈亏指数变化规律。

3.4.3.1   需水量

图3-29为烟草不同生育期需水量变化。

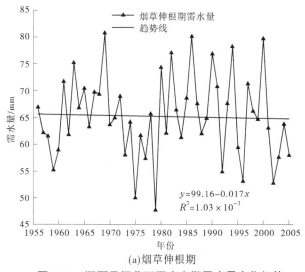

(a)烟草伸根期

图3-29   湄潭县烟草不同生育期需水量变化规律

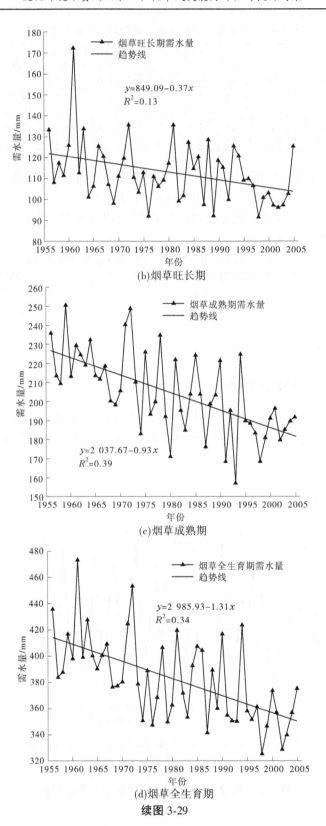

(b)烟草旺长期

(c)烟草成熟期

(d)烟草全生育期

续图 3-29

可以看出,湄潭县烟草伸根期需水量变化范围为 48.74~80.83 mm,多年平均值为 65.19 mm,最小值发生在 1979 年,最大值发生在 1969 年,在该生育期需水量没有明显变化;烟草旺长期需水量变化范围为 91.26~172.48 mm,多年平均值为 112.90 mm,最小值发生在 1998 年,最大值发生在 1961 年,需水量呈递减趋势,并且通过 $\alpha = 0.01$ 的显著性检验,递减速率为 3.70 mm/10 a;烟草成熟期需水量变化范围为 157.08~250.78 mm,多年平均值为 204.18 mm,最小值发生在 1993 年,最大值发生在 1959 年,需水量呈显著递减趋势,并且通过 $\alpha = 0.01$ 的显著性检验,递减速率为 9.3 mm/10 a;烟草全生育期需水量变化范围为 325.71~473.98 mm,多年平均值为 382.27 mm,最小值发生在 1998 年,最大值发生在 1961 年,需水量呈显著递减趋势,通过 $\alpha = 0.01$ 的显著性检验,递减速率为 13.1 mm/10 a。

3.4.3.2 有效降水量

图 3-30 是湄潭县烟草不同生育期有效降水量变化。

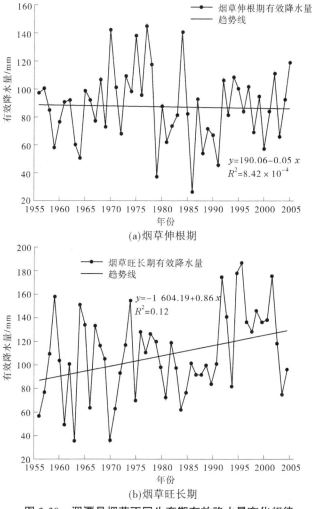

图 3-30　湄潭县烟草不同生育期有效降水量变化规律

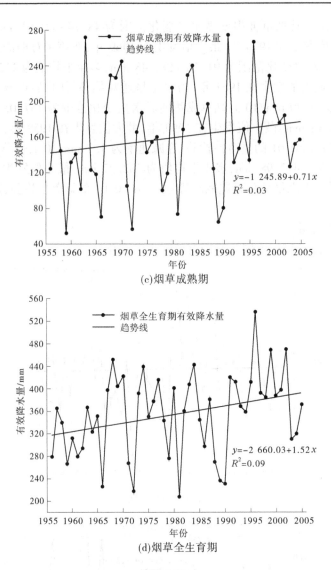

(c)烟草成熟期

(d)烟草全生育期

续图 3-30

由图 3-30 可知,湄潭县烟草伸根期有效降水量变化范围为 26.53~145.12 mm,多年平均值为 87.33 mm,显然该时期有效降水量高于需水量,因此在该生育期不易发生干旱,有效降水量趋势没有明显变化;在旺长期有效降水量变化范围为 35.49~186.69 mm,多年平均值为 108.41 mm,该生育期降水波动较大,是旱涝多发时段,有效降水量呈递增趋势,通过 $\alpha=0.01$ 的显著性检验,递增速率为 8.60 mm/10 a;在成熟期有效降水量变化范围为 51.66~274.36 mm,多年平均值为 159.54 mm,明显低于烟草需水量,极易发生旱灾,有效降水量呈显著递增趋势,通过 $\alpha=0.01$ 的显著性检验,递增速率为 7.1 mm/10 a;在全生育期有效降水量变化范围为 207.84~536.99 mm,多年平均值为 355.29 mm,略低于需水量,有效降水量呈显著递增趋势,通过 $\alpha=0.01$ 的显著性检验,递增速率为 15.2 mm/10 a。

3.4.3.3　水分盈亏指数

图 3-31 为湄潭县烟草不同生育期水分盈亏指数变化。

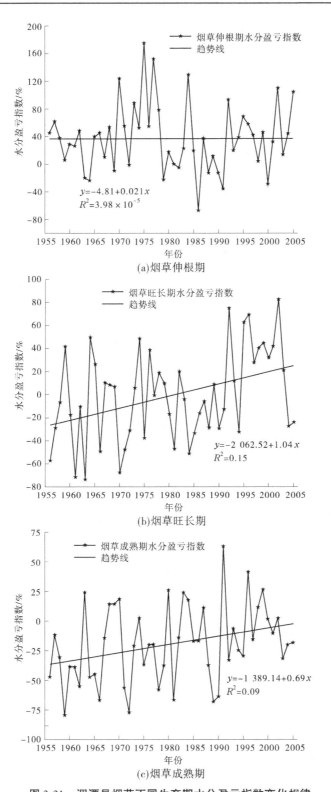

图 3-31 湄潭县烟草不同生育期水分盈亏指数变化规律

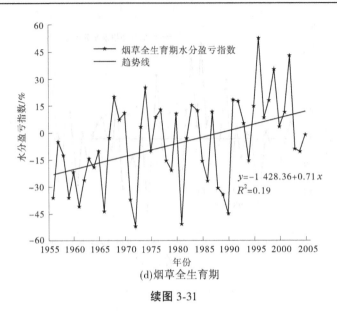

$y=-1\ 428.36+0.71x$
$R^2=0.19$

(d)烟草全生育期

续图 3-31

由图 3-31 可知,湄潭县烟草伸根期内水分盈亏指数在大多数年间为正值,说明在该生育期内发生水分亏缺的概率很小,不易发生干旱事件,仅有 1986 年发生严重水分亏缺,在该生育期水分盈亏指数趋势没有明显变化;在旺长期水分盈亏指数在大多数年间为负值,说明在该生育期易发生干旱事件,该生育期缺水率超过 50% 的有 4 年,易发生极端干旱事件,水分盈亏指数呈显著递增趋势,通过 $\alpha=0.01$ 的显著性检验,递增速率为 10.4%/10 a,说明在该时期极端干旱事件有减少趋势;在成熟期水分盈亏指数在大多数年间为负值,说明在该生育期极易发生干旱事件,该生育期缺水率超过 50% 的有 9 年,是极端干旱事件多发时段,水分盈亏指数呈递增趋势,通过 $\alpha=0.01$ 的显著性检验,递增速率为 6.9%/10 a,说明在该时期极端干旱事件有减少趋势;在全生育期水分盈亏指数在大多数年间为负值,湄潭县烟草在全生育期以干旱为主,水分盈亏指数呈递增趋势,说明受气候变化影响,干旱事件有减少趋势。

3.5　小　结

研究分析贵州省烟草各生育阶段的干旱演变规律,并根据典型区气象资料和烟草产量资料,计算烟草不同生育期水分亏缺率,对烟草产量资料分解,得到减产率,研究烟草水分亏缺率与减产率之间的关系,制定基于水分亏缺率的烟草干旱等级标准。主要研究结论有以下四点:

(1)近 60 年来,伸根期干旱程度整体呈下降趋势,且下降幅度不大;旺长期干旱程度波动相对较小;成熟期干旱呈轻微上升趋势。近 25 年来,贵州整体在烟草全生育期干旱程度呈上升趋势,有必要采取相关措施应对干旱,保证烟草产量与质量。

(2)贵州全省在烟草各生育期内干旱频率范围相差不大,但各生育期干旱频率空间分布有所不同。伸根期干旱频率最大值出现在安顺,旺长期出现在黔东南,成熟期出现在遵义,全生育期出现在贵阳。同时,干旱发生频繁的区域范围由伸根期至旺长期到成熟期依次增大。贵州省烟草在伸根期、旺长期均为东部干旱强度较大,成熟期为贵州省西南部干旱强度较大。在全生育期内,东北部和南部干旱强度较大。不同生育期发生轻、中、特旱强度均值相近。

(3)烟草不同生育阶段的水分盈亏指数对产量的影响是不同的。首先,旺长期和全生育期降水对烟草产量的影响最大,此期的水分盈亏指数同产量的相关性最密切,相关系数均达到极显著水平。其次,成熟期的水分盈亏指数也同产量具有显著的相关性。而在四个典型区中,伸根期水分盈亏指数与产量的相关性均不显著。

(4)运用一元回归分析,得出烟草各生育期缺水率同减产百分率的定量对应关系,建立了基于缺水率烟草不同生育期干旱指标。

全生育期缺水率为 $X \leq 15\%$、$15\% < X \leq 35\%$、$35\% < X \leq 55\%$、$X > 55\%$ 时,分别发生轻、中、重、严重干旱,对应的减产率分别为 $Y \leq 10\%$、$10\% < Y \leq 20\%$、$20\% < Y \leq 30\%$、$Y > 30\%$。

旺长期缺水率为 $X \leq 35\%$、$35\% < X \leq 70\%$、$X > 70\%$ 时,分别发生轻、中、重旱,对应的减产率为 $Y \leq 10\%$、$10\% < Y \leq 20\%$、$20\% < Y \leq 30\%$。

成熟期缺水率为 $X \leq 35\%$、$35\% < X \leq 75\%$、$X > 75\%$ 时,分别发生轻、中、重旱,对应的减产率为 $Y \leq 10\%$、$10\% < Y \leq 20\%$、$20\% < Y \leq 30\%$。

4 干旱对烟草的影响分析

贵州烟区在生育后期易发生阶段性干旱,导致烟叶不能正常成熟,严重影响烟叶的产量和品质。因此,有必要开展试验探究干旱对对烟草生长发育和产量、品质的影响,计算烟草不同生育期的灾损影响系数。同时,开展烟草节水试验,在分析烟草需水量和耗水量的基础上,识别不同干旱等级下各生育阶段的水分利用效率及节水百分率。基于此,研究于 2019 年、2020 年分别开展烟草对干旱的响应机制试验和烟草节水试验,为提高烟田水分利用效率,增强烟草抗灾能力和烟水工程充分发挥效益提供理论依据。

4.1 试验区与试验条件

4.1.1 试验场地概况

4.1.1.1 地理位置

试验场地为贵州省灌溉试验中心站修文灌溉试验基地,位于贵阳市修文县城北,地理位置为东经 106°37′,北纬 26°52′,距修文县城 2.6 km,距贵阳市 50 km。试验场地南面有贵毕高等级公路通过,东侧紧邻修文至扎佐公路,试验区地处乌江水系猫跳河的一级支流修文河的中游地带,海拔为 1 270～1 300 m。试验场地所在的修文县属于贵州省干旱和洪涝易发空间分布的交汇地带,以山地农业为主,烤烟种植广泛,旱灾易发频发,存在较大的风险。

4.1.1.2 自然条件

试验场地处于亚热带湿润季风气候区,多年平均气温约 14.5 ℃,多年平均降水量约为 1 125 mm。试验区所在的龙场镇境内东、北、中部地势平缓,西部和西北部则槽谷、山地相连,山地和丘陵面积占土地总面积的 90% 以上,属于典型的喀斯特低山丘陵地貌区;为常绿与落叶针叶、阔叶林混交林带;成土母岩以石灰岩、泥页岩与第四纪黏土残积物为主,耕地以缓坡地和台地为主。试验区周边植被保护相对较好,植被覆盖率约 24%。试验区自然条件在贵州实际农业生产中具有典型代表意义。

4.1.1.3 土壤特性

试验土壤为黄壤土,黄壤土在贵州省分布最广,耕作层 40 cm 左右,土体层次齐全;耕作层土壤颜色以棕色为主,犁底层(淀积层)以下颜色以黄色为主;土壤结构以块状为主,耕作层多为小块状;耕作层土壤坚实度较疏松,而犁底层及以下层次土壤较紧实或紧实;土壤质地多为轻黏土至重黏土。土壤 pH 值为 7.32,全氮 1.26 g/kg,碱解氮 65.89 mg/kg,全磷 0.33 g/kg,有效磷 11.61 mg/kg,全钾 10.36 g/kg,有效钾 186.53 mg/kg,有机质 20.35 g/kg,有效铜 1.37 mg/kg,有效锌 3.53 mg/kg,有效锰 17.89 mg/kg,有效铁 17.40 mg/kg,交换性镁 297.39 mg/kg,交换性钙 2 118.32 mg/kg,阳离子交换量 11.98 cmol/kg,

土壤肥力中等。黄壤土是贵州省烤烟主要耕作土壤,具有典型代表意义。

4.1.1.4 基础设施及设备

贵州省灌溉试验中心站修文灌溉试验基地占地面积 200 亩,建有深井提水泵站一座、500 m³ 集雨蓄水池一座、30 m³ 集雨水窖 5 座、100 m³ 水池 3 座、喷灌面积 26 亩、果树滴灌面积 8 亩、浇灌面积 87 亩、智能温室大棚 640 m²、日光温室大棚 1 024 m²、简易塑料大棚 2 400 m²,配有自动灌溉系统设备一套,6 参数、8 参数和 11 参数的自动土壤墒情监测系统各一套。试验基地有自动气象观测场 400 m²,旱作物试验测坑 24 个,配有 2 组自动防雨棚,土工实验室 18 m²。试验仪器设备主要有自动气象观测站、自动土壤墒情监测系统、径流仪、快速土壤水分测定仪、数据采集器、电子天平、水质分析仪、水温温度计、地温温度计、土钻、环刀、烘箱等,能够满足试验正常开展的场地和设备要求。

4.1.2 供试烟草品种与特性

本次试验烟草品种为当地烟叶站主要推广种植品种"南江 3 号",该品种是贵阳市烟草公司以红花大金元的自然变异株为主体,历经多年的系统选育而成的,该品种于 2008 年通过了全国烟草品种审定委员会贵州省烟草品种审定组的审定,是适合贵州省大部分地区种植的品种。"南江 3 号"株形筒型,生长势强,叶色深绿,叶耳小,叶尖渐尖,叶面较皱,叶缘波状,叶形椭圆形,主脉中,茎叶角度中,茸毛多,腋芽长势中。移栽至中心花开放 70 d,大田生育期 130 d 左右,田间植株清秀,田间落黄成熟好、层次分明,抗病性强,中抗青枯病,中抗黑胫病,高抗赤星病,高抗气候斑点病;易烘烤,初烤烟叶外观质量较好,颜色以橘黄色和柠檬黄为主,杂色烟较少,叶片结构疏松,身份适中,油分较多,色度较强;主要化学成分适宜在优质烟叶范围内,与对照 K326 相比,总糖、还原糖较高,烟碱含量较低,糖碱比较高、氮碱比适宜,整体化学成分适宜,比例较协调。根据试验场地多年来有关烤烟试验数据观测及研究结论,"南江 3 号"烟草品种在试验场地黄壤土条件下团棵期、旺长期、成熟期的适宜相对含水率(占田间持水率 θ_f 的百分率,下同)分别为 60% ~ 65%、70% ~ 75%、60% ~ 65%。

4.2 烟草对干旱的响应机制试验

4.2.1 烟草受旱试验方案

4.2.1.1 受旱阶段试验设计

烟草各生育期适宜土壤水分受不同地区、不同土壤类型、不同烟草品种等影响较大,根据试验场地多年来有关烟草试验数据观测及研究结论,本试验烟草品种和土壤条件下,旺长期和成熟期相对含水率分别低于 50% 和 40% 时烟株处于重度萎蔫状态。试验场地土质为黏性土,水分控制难度相对较大;烟草旺长期相对较短且烟株生长快,成熟期尽管时间较长,但由于烟叶分批采收时间间隔限制,试验处理时间亦相对较短。

因此,在参考《贵州省干旱标准》(DB52 T 1030—2015)和试验场地多年观测数据基础上,将烟草受旱阶段处理设置为受旱天数 1 个因素,设定旺长期 0 ~ 40 cm 土壤相对含水率 55%～60%、成熟期 0～40 cm 土壤相对含水率 45%～50%为受旱阶段的受旱标准,受旱天数设置为 5 d、10 d、15 d 共 3 个水平。

　　栽培方式为桶栽,每桶 1 株。桶口直径 56.5 cm,桶底直径 42 cm,测桶高 70 cm;测桶内下部为 20 cm 装填砂石滤层,并安装排水龙头,以便试验结束排出积水,砂石滤层上部为 40 cm 厚黄壤土,试验测桶结构见图 4-1。烤烟移栽前,对土壤分 2 次充分灌水浇透,使其恢复自然状态。用防雨棚隔绝天然降雨,见图 4-2。试验处理时段外,均采取常规稳产高产灌溉制度及其他相关农事活动。

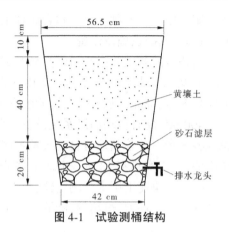

图 4-1　试验测桶结构

图 4-2　试验场地及栽培方式

4.2.1.2　试验因素水平

　　试验于 2019 年和 2020 年进行,考虑试验结果对比,设置单一受旱模式,即受旱有 3+1 个水平。采用全因素试验设计,每年试验均为 31 个处理,每个处理做 3 次重复。试验因素及水平见表 4-1。

表 4-1　试验因素和水平

试验因素	生育期	受旱天数 D/d
试验水平	旺长期	0
		5
		10
		15
	成熟期	0
		5
		10
		15

4.2.1.3　试验处理

1. 水分控制

本次试验的主要外部控制因素为土壤水分情况,试验计划湿润层40 cm,即黄壤土厚度40 cm,测桶下部安装排水龙头和过滤层。日常通过监测0~40 cm土壤水分剖面含水量,计算储水量。各生育期最佳相对含水量分别为团棵期60%~65%、旺长期70%~75%、成熟期60%~65%,试验处理阶段外,土壤水分若低于最佳含水量下限,则根据缺水量进行补充,每3 d一次,补充至上限。受旱胁迫处理前进行一定时期的自然风干,以达到受旱试验设计的含水量标准。

2. 处理过程

2019年和2020年试验处理过程日期安排见表4-2~表4-5,其中D_1、D_2、D_3分别表示受旱5 d、10 d、15 d。

表4-2　2019年旺长期试验处理过程

试验编号	7月																				
	1	2	3	4	5	6	7	8	9	10	11	12	13	14	15	16	17	18	19	20	21
D_1	■	■	■	■	■																
D_2	■	■	■	■	■	■	■	■	■	■											
D_3	■	■	■	■	■	■	■	■	■	■	■	■	■	■	■						
CK																					

注:阴影表示受旱阶段,空白表示正常,下同。

表4-3　2019年成熟期试验处理过程

试验编号	8月																				
	10	11	12	13	14	15	16	17	18	19	20	21	22	23	24	25	26	27	28	29	30
D_1											■	■	■	■	■						
D_2						■	■	■	■	■	■	■	■	■	■						
D_3	■	■	■	■	■	■	■	■	■	■	■	■	■	■	■						
CK																					

表4-4　2020年旺长期试验处理过程

试验编号	7月																			8月	
	13	14	15	16	17	18	19	20	21	22	23	24	25	26	27	28	29	30	31	1	2
D_1											■	■	■	■	■						
D_2						■	■	■	■	■	■	■	■	■	■						
D_3	■	■	■	■	■	■	■	■	■	■	■	■	■	■	■						
CK																					

表 4-5　2020 年成熟期试验处理过程

试验编号	8月																				
	10	11	12	13	14	15	16	17	18	19	20	21	22	23	24	25	26	27	28	29	30
D_1											■	■	■	■	■						
D_2						■	■	■	■	■	■	■	■	■	■						
D_3	■	■	■	■	■	■	■	■	■	■	■	■	■	■	■						
CK																					

2019 年,5 月 20 日完成烟苗移栽,5 月 28 日烟草进入缓苗期,6 月 18 日烟草进入团棵期,6 月 25 日烟草进入旺长期,并开始对土壤水分进行调控,以达到预期设定值。7 月 1 日,旺长期试验处理开始,最长试验处理 20 d,8 月 3 日烟草试验样本全部进入成熟期并进行打顶处理,8 月 10 日成熟期试验处理开始,最长试验处理 20 d。

2020 年,6 月 3 日完成烟苗移栽,7 月 3 日烟草进入旺长期,并开始对土壤水分进行调控。7 月 13 日,旺长期试验处理开始,最长试验处理 20 d,8 月 5 日烟草试验样本全部进入成熟期并进行打顶处理,8 月 10 日成熟期试验处理开始,最长试验处理 20 d。各试验完成处理过程后,水分还原成正常处理。

4.2.2　烟草株高发育对干旱的响应规律

2019 年旺长期受旱的各试验处理株高发育过程及影响见表 4-6,旺长期末(7 月 31 日)最终株高发育见图 4-3。

表 4-6　旺长期受旱各处理烟草株高动态变化及方差分析(2019 年)

2019 年	试验编号	6.30	7.7	7.10	7.17	7.24
受旱 0 d	CK	44.83±5.51a	69.33±4.62ab	81.33±3.51ab	98.67±2.89ab	116.33±9.61b
受旱 5 d	D_1	52.50±4.77a	80.33±2.89ab	89.33±4.62ab	100.67±10.97ab	105.33±1.53ab
受旱 10 d	D_2	47.83±5.84a	74.00±8.19ab	84.67±7.09ab	95.67±4.51ab	102.33±7.64ab
受旱 15 d	D_3	43.17±4.54a	67.00±6.00ab	76.33±8.50ab	91.00±10.82ab	104.00±1.73ab
	F 值					
	D	8.133**	15.072**	7.518**	6.236**	4.499*

注:同列不同小写字母表示 Tukey 检验结果在 $P<0.05$ 水平下存在显著性差异。* 和 ** 分别表示 $P<0.05$ 和 $P<0.01$ 水平存在显著性差异,ns 表示 $P<0.05$ 水平不存在显著性差异。下同。

2019 年旺长期试验处理从 7 月 1 日开始。从表 4-7 中可看出,6 月 30 日各试验处理烟草株高无显著差异。方差分析表明此时受旱(D)对株高有极显著影响($P<0.01$),其原因可能是为达到试验受旱标准,前期已对受旱样本进行一定时段的控水处理。

各试验处理时间长度不一致,从 7 月 7 日至 7 月 17 日,烟草株高均能够正常发育,发育速度各有不同,各试验处理与 CK 相比均无显著差异。方差分析表明,此阶段受旱(D)对株高发育均有极显著影响($P<0.01$)。7 月 17 日至 7 月 24 日,烤烟株高低于 CK 组。

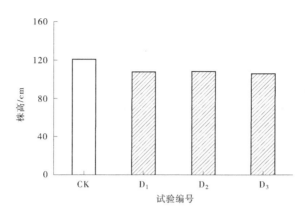

图 4-3　烟草旺长期受旱处理最终株高(2019 年)

方差分析表明,受旱(D)单因素影响对株高发育已产生显著影响($P<0.05$)。7 月 31 日,各试验处理株高发育基本停止,受旱对最终株高的差异性分析结果见表 4-7。

表 4-7　受旱对株高发育差异性分析

	受旱(D)
F 值	7.656**

根据表 4-7,受旱(D)对株高发育有极显著影响($P<0.01$)。

根据图 4-3,受旱 D_1、D_2、D_3 最终株高与 CK 组存在显著差异($P<0.05$),D_1、D_2、D_3 株高均值与 CK 组的差距分别为−7.30%、−7.58%、−10.96%。表明烟草旺长期受旱会降低烟株高度,株高随旺长期受旱时间的增加而显著减小。

2020 年烟草旺长期受旱各试验处理株高发育过程及影响见表 4-8,旺长期末(8 月 2 日)最终株高发育见图 4-4。

表 4-8　旺长期受旱处理烟草株高动态变化及方差分析(2020 年)

2020 年	试验编号	7.13	7.18	7.23	7.28	8.2
受旱 0 d	CK	48.59±2.46a	64.36±4.45ab	77.74±3.14c	89.97±4.85b	112.85±2.24d
受旱 5 d	D_1	50.08±2.46a	60.75±1.55ab	77.11±3.72bc	86.60±3.84ab	99.73±1.99c
受旱 10 d	D_2	48.64±0.94a	63.16±2.95ab	68.84±3.09abc	84.09±0.96ab	93.82±2.23bc
受旱 15 d	D_3	50.87±2.21a	60.71±3.61ab	71.54±1.98abc	79.29±2.10a	87.07±3.23ab
	F 值					
	D	2.61ns	11.160**	22.188**	16.255**	31.024**

2020 年旺长期试验处理从 7 月 13 日开始,从表 4-8 中可看出,7 月 13 日各试验处理烟草株高无显著差异。至 7 月 28 日前,受旱(D)影响对株高发育有极显著影响($P<0.01$)。

7 月 18 日,D_3 处理已受旱 5 d,株高均值与 CK 的差距为−5.67%,受旱(D)对株高发

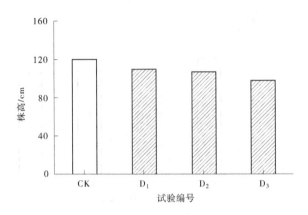

图 4-4　烟草旺长期受旱处理最终株高（2020 年）

育有极显著影响（$P<0.01$）。7 月 23 日，D_3 处理已受旱 10 d，D_2 处理已受旱 5 d，D_3 与 CK 组的差距为 -7.97%，D_2 与 CK 组的差距为 -11.45%，受旱（D）影响对株高发育有极显著影响（$P<0.01$）。7 月 28 日，D_3 与 CK 组的差距为 -11.87%，D_2 与 CK 组的差距为 -6.54%，D_1 与 CK 组的差距为 -3.75%。受旱（D）影响对株高发育有极显著影响（$P<0.01$）。表明旺长期受旱是影响烟草株高发育的主要因素，株高随受旱天数的增加而降低。

8 月 2 日后株高已基本无变化，8 月 2 日的各试验处理株高发育情况见图 4-4。

根据图 4-4，旺长期受旱株高发育规律与 2019 年单一受旱试验结果一致，D_1、D_2、D_3 最终株高与 CK 组存在显著差异（$P<0.05$），D_1、D_2、D_3 株高均值与 CK 组的差距分别为 -11.62%、-16.87%、-22.84%。

4.2.3　烟草叶面积发育对干旱的响应规律

烟草旺长期试验开始处理时，脚叶已初步发育成型，顶叶尚未萌发，以中部腰叶面积观测数据研究干旱对叶面积发育的影响。

2019 年旺长期受旱的各试验处理叶面积发育过程及影响见表 4-9，旺长期末（7 月 31 日）最终叶面积发育见图 4-5。

表 4-9　旺长期受旱处理烟草叶面积动态变化及方差分析（2019 年）

2019 年	试验编号	6.30	7.7	7.10	7.17	7.24
受旱 0 d	CK	171.14±6.35a	291.75±4.44c	350.95±6.93cd	473.08±4.98cd	578.74±5.44cde
受旱 5 d	D_1	170.29±8.27a	263.90±1.27a	329.53±8.28bc	447.83±12.80bc	565.19±21.30bcd
受旱 10 d	D_2	169.20±7.56a	268.63±8.64a	317.34±8.65b	434.91±7.27ab	520.49±8.01b
受旱 15 d	D_3	169.52±4.56a	262.75±2.34a	324.83±5.49ab	393.05±14.34a	469.61±19.05a
	F 值					
	D	0.322^{ns}	35.919^{**}	72.369^{**}	93.120^{**}	126.559^{**}

由表 4-9 可知，6 月 30 日各处理叶面积均值上无显著差异。7 月 7 日，各处理叶面积

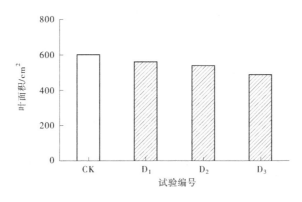

图 4-5　烟草旺长期受旱后渍水处理最终叶面积(2019 年)

开始存在显著差异,此时非受旱处理(受旱 0 d)的叶面积显著高于受旱处理的叶面积($P<0.05$),因为此时全部受旱处理均已经历 5 d 干旱历时,方差分析结果亦显示此时受旱(D)对叶面积发育有极显著影响($P<0.01$)。

7 月 10 日,不同处理间存在显著差异,此时受旱 5 d 各处理干旱历时已结束,其余处理正在受旱阶段,方差分析结果亦显示此时受旱(D)对叶面积发育有极显著影响($P<0.01$)。

7 月 15 日全部受旱处理结束,7 月 17 日方差分析结果显示,受旱(D)已对叶面积发育有极显著影响($P<0.01$),此时 D_2、D_3 处理的叶面积显著低于对照组 CK($P<0.05$),与 CK 的差距分别为-8.07%、-16.92%。

7 月 20 日旺长期试验处理结束,7 月 24 日叶面积发育情况表明,D_2、D_3 处理的叶面积仍显著低于对照组 CK($P<0.05$),与 CK 的差距分别为-10.07%、-18.86%,方差分析结果表明,此时受旱(D)对叶面积发育有极显著影响($P<0.01$)。

7 月 31 日,烟草旺长期发育基本停止开始进入成熟期,烟草最终叶面积发育情况见图 4-5,受旱对最终叶面积的差异性分析结果见表 4-10。

表 4-10　受旱对叶面积发育差异性分析

	受旱(D)
F 值	42.734**

根据图 4-5,从受旱试验结果来看,受旱处理叶面积均低于 CK 组,其中 D_2、D_3 处理差异显著($P<0.05$),D_1、D_2、D_3 叶面积均值与 CK 差距分别为-6.28%、-10.32%、-20.16%。表明烟草旺长期受旱是影响叶面积发育的主要因素,叶面积随旺长期受旱时间增加而显著减小。

根据以上,烟草在旺长期内受旱(D)对最终叶面积发育有极显著影响($P<0.01$)。

2020 年受旱叶面积发育规律与 2019 年单一受旱试验结果一致。

4.2.4　烟草品质对干旱的响应规律

烟草品质评价的指标较多,其中大部分评价指标都有主观性较强的特点,如外观品相指标需要人为主观上对烘烤后叶片的色度、油分、结构等进行对比评价,香气评吸指标需要由专家对其香气、浓度、劲头、刺激性等进行打分,受个人喜好的影响较大。

烟草化学成分及协调度是烤烟品质的一个重要因素,烟草化学成分及协调度在一定程度上能反映出烤烟品质的高低,且评价标准相对客观。烟叶烘烤结束后,对每个试验样本烟叶的烟碱、总氮、钾、还原糖、氯等常规化学成分进行检测,并分析其化学成分协调度。烟草的化学成分含量标准受地域分布、品种、类型等因素的影响很大,本书根据相关文献及"南江 3 号"烟草品种在贵州地区应用的有关文献,设定烟叶化学成分及协调度的参考值和最优值如表 4-11 所示。

表 4-11　烟草常规化学成分及协调度参考值和最优值

指标	烟碱/%	总氮/%	钾/%	还原糖/%	氯/%	氮碱比	糖碱比	钾氯比
参考值	1.5~3.5	1.1~3.4	>2.0	12.0~28.0	0.1~1.0	0.6~1.4	4.0~17.0	>4.0
最优值	2.2~2.8	2.0~2.5	>2.5	18.0~24.0	0.3~0.8	0.95~1.05	10.5~11.5	>8.0

注:烟草常规化学成分为质量百分数,下同。

4.2.4.1　旺长期受旱对烟叶化学成分的影响

2019 年旺长期受旱试验处理烟叶常规化学成分及协调度情况见表 4-12。

表 4-12　烟草旺长期受旱试验处理烟叶常规化学成分及协调度(2019 年)

指标	烟碱/%	总氮/%	钾/%	还原糖/%	氯/%	氮碱比	糖碱比	钾氯比
参考值	1.5~3.5	1.1~3.4	>2.0	12.0~28.0	0.1~1.0	0.6~1.4	4.0~17.0	>4.0
最优值	2.2~2.8	2.0~2.5	>2.5	18.0~24.0	0.3~0.8	0.95~1.05	10.5~11.5	>8.0
CK	2.48	2.28	2.26	23.45	0.44	0.92	9.46	5.14
D_1	2.84	2.42	2.30	23.46	0.47	0.85	8.25	4.89
D_2	3.02	2.50	2.30	20.46	0.47	0.83	6.77	4.89
D_3	3.39	2.62	2.42	18.84	0.41	0.77	5.56	5.90

根据表 4-12,烟碱随旺长期受旱天数增加而升高,旺长期受旱 5 d、10 d、15 d 后烟碱含量分别高于 CK 水平 14.62%、21.95%、36.60%,且高于最优值上限 1.52%、8.01%、20.99%。

总氮含量随旺长期受旱天数增加而增加,受旱 5 d、10 d、15 d 后总氮含量分别高于 CK 水平 6.34%、9.77%、14.92%,其中受旱 15 d 高于最优值上限 4.81%。

钾含量从整体上看,所有试验处理均低于最优范围下限,相比于 CK,受旱条件下随受旱天数增加钾含量显著提高,单一受旱 5 d、10 d、15 d 后钾含量分别超过 CK 水平 1.17%、1.17%、7.08%。

旺长期受旱会导致烟草还原糖含量降低,其中旺长期受旱 5 d 对还原糖含量的影响大不,D_1、D_2、D_3 与 CK 水平的差距分别为 0.62%、-9.94%、-19.65%。

氯含量由于在烟草中所占比例较低,受旱对其影响不明显,且受灌溉水中氯含量的影响较大。

从化学成分协调度来看,由于烟碱随受旱天数增加而升高,氮碱比和糖碱比受烟碱变化的影响较大,因此其随受旱天数增加而降低;旺长期烤烟钾氯比受旱影响的规律不明显。

2020 年旺长期受旱各试验处理烟叶常规化学成分及协调度情况见表 4-13。

表 4-13 烟草旺长期受旱各试验处理烟叶常规化学成分及协调度(2020 年)

指标	烟碱/%	总氮/%	钾/%	还原糖/%	氯/%	氮碱比	糖碱比	钾氯比
参考值	1.5~3.5	1.1~3.4	>2.0	12.0~28.0	0.1~1.0	0.6~1.4	4.0~17.0	>4.0
最优值	2.2~2.8	2.0~2.5	>2.5	18.0~24.0	0.3~0.8	0.95~1.05	10.5~11.5	>8.0
CK	2.61	2.43	2.31	22.63	0.46	0.93	8.67	5.02
D1	2.81	2.53	2.33	21.47	0.47	0.90	7.64	4.96
D2	3.00	2.60	2.38	20.26	0.47	0.87	6.75	5.06
D3	3.11	2.65	2.12	19.84	0.41	0.85	6.38	5.17

根据表 4-13,旺长期各受旱处理烟叶化学成分变化规律与 2019 年试验结果基本一致。

4.1.4.2 成熟期受旱对烟叶化学成分的影响

2019 年成熟期受旱各试验处理烟叶常规化学成分及协调度情况见表 4-14。

表 4-14 烟草成熟期受旱各试验处理烟叶常规化学成分及协调度(2019 年)

指标	烟碱/%	总氮/%	钾/%	还原糖/%	氯/%	氮碱比	糖碱比	钾氯比
参考值	1.5~3.5	1.1~3.4	>2.0	12.0~28.0	0.1~1.0	0.6~1.4	4.0~17.0	>4.0
最优值	2.2~2.8	2.0~2.5	>2.5	18.0~24.0	0.3~0.8	0.95~1.05	10.5~11.5	>8.0
CK	2.48	2.28	2.26	23.45	0.44	0.92	9.46	5.14
D1	2.61	2.54	2.59	23.13	0.42	0.97	8.86	6.17
D2	2.66	2.68	2.42	21.86	0.39	1.01	8.22	6.21
D3	2.86	3.11	2.25	20.92	0.41	1.09	7.31	5.49

根据表 4-14,烟碱随成熟期受旱天数增加而增加,但增加幅度没有旺长受旱程度大,成熟期受旱 5 d、10 d、15 d 后烟碱含量分别高于 CK 水平 5.24%、7.26%、14.32%,其中受旱 15 d 后烟碱含量高于最优值上限。

总氮含量随成熟期受旱天数增加而增加,D1、D2、D3 分别高于 CK 水平 11.40%、17.54%、36.40%。

钾含量随成熟期受旱天数增加呈现先增加后显著降低趋势,D1、D2 钾含量相比 CK 水平分别增加 14.60%、7.08%,D3 钾含量低于 CK 水平 0.44%。

还原糖随成熟期受旱天数增加而降低,D1、D2、D3 还原糖分别低于 CK 水平 1.36%、6.78%、10.79%。

成熟期受旱天数对氯含量影响不明显。

2020 年成熟期受旱各试验处理烟叶常规化学成分及协调度情况见表 4-15。

表 4-15　烟草成熟期受旱各试验处理烟叶常规化学成分及协调度（2020 年）

指标	烟碱/%	总氮/%	钾/%	还原糖/%	氯/%	氮碱比	糖碱比	钾氯比
参考值	1.5~3.5	1.1~3.4	>2.0	12.0~28.0	0.1~1.0	0.6~1.4	4.0~17.0	>4.0
最优值	2.2~2.8	2.0~2.5	>2.5	18.0~24.0	0.3~0.8	0.95~1.05	10.5~11.5	>8.0
CK	2.61	2.43	2.31	22.63	0.46	0.93	8.67	5.02
D_1	2.68	2.58	2.53	21.69	0.42	0.96	8.09	6.02
D_2	2.84	2.82	2.31	20.99	0.39	0.99	7.39	5.92
D_3	3.33	3.23	2.17	21.03	0.41	0.97	6.32	5.29

4.2.5　干旱对烟草有效产量的影响规律

2019 年试验处理对照组 CK 的有效产量为（105.01±7.11）g/株，2020 年试验处理对照组 CK 的有效产量为（100.58±3.49）g/株，两年的有效产量之间不存在显著差异。

4.2.5.1　旺长期受旱对有效产量的影响

2019 年旺长期受旱各试验处理有效产量情况见图 4-6，受旱对有效产量的差异性分析结果见表 4-16。

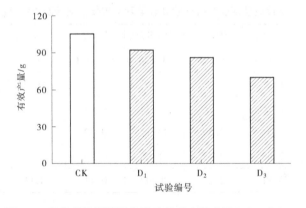

图 4-6　烟草旺长期受旱各试验处理有效产量（2019 年）

表 4-16　旺长期受旱对有效产量的差异性分析

	受旱（D）
F 值	44.356**

根据图 4-6，从受旱试验结果来看，各处理有效产量均值均低于 CK 组，D_1、D_2、D_3 减产率分别为 13.05%、18.46%、27.26%，其中 D_1、D_2、D_3 有效产量差异显著（$P<0.05$）。表明烟草旺长期对水分比较敏感，受旱会造成减产，且随受旱天数的增加而产量降低明显。

根据表 4-16，方差分析结果表明，烟草在旺长期内受旱（D）对有效产量均有极显著影响（$P<0.01$）。

2020 年旺长期受旱各试验处理有效产量情况见图 4-7，受旱对有效产量的差异性分析结果见表4-17。

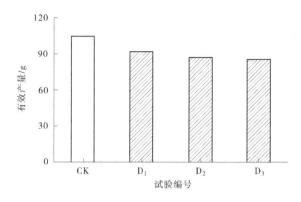

图 4-7　烟草旺长期受旱各试验处理有效产量(2020 年)

表 4-17　旺长期受旱对有效产量的差异性分析

	受旱(D)
F 值	15.351 **

根据图 4-7,从受旱结果来看,与 2009 年旺长期单一受旱表现规律一致,D_1、D_2、D_3 有效产量均值均低于 CK 组,减产率分别为 6.26%、14.02%、15.93%,其中 D_2、D_3 有效产量与 CK 差异显著($P<0.05$)。

根据表 4-17,方差分析结果表明,烟草在旺长期内受旱(D)对有效产量均有极显著影响($P<0.01$)。

4.2.5.2　成熟期受旱对烟草有效产量的影响

2019 年成熟期受旱各试验处理有效产量情况见图 4-8,受旱对有效产量的差异性分析结果见表 4-18。

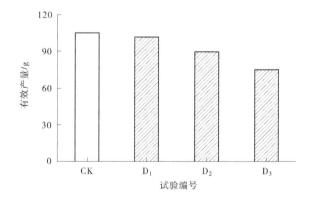

图 4-8　烟草成熟期受旱各试验处理有效产量(2019 年)

表 4-18　成熟期受旱对有效产量的差异性分析

	受旱(D)
F 值	282.027 **

根据图 4-8,从受旱试验结果来看,其减产规律与旺长期基本一致,D_1、D_2、D_3 有效产量减产率分别为 5.54%、11.83%、22.34%,其中 D_3 有效产量差异显著($P<0.05$)。

根据表 4-18,方差分析结果表明,烟草在成熟期内受旱(D)对有效产量有极显著影响($P<0.01$)。

2020 年成熟期受旱各试验处理有效产量情况见图 4-9,受旱对有效产量的差异性分析结果见表 4-19。

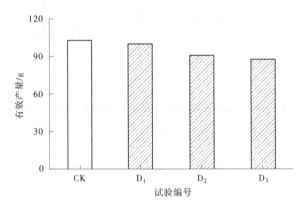

图 4-9　烟草成熟期受旱各试验处理有效产量(2020 年)

表 4-19　成熟期受旱对有效产量的差异性分析

	受旱(D)
F 值	158.989**

根据图 4-9 来看,与 2009 年成熟期单一受旱表现规律一致。

根据表 4-19 方差分析结果表明,烟草在成熟期内受旱(D)对有效产量均有极显著影响($P<0.01$)。

4.2.6　灾损影响系数的确定

作物水分生产函数也称为作物—水模型,是作物在生长过程中各个生长阶段水分亏缺状况对产量影响的数学描述,用以进行缺水与产量的定量分析。水分生产函数说明了产量与水分之间的变化关系,是发展节水灌溉、进行水资源分配、优化灌溉制度及使作物产量最大化提供主要科学依据。不同生育阶段作物缺水对产量的影响是不同的,因此很多学者提出了在不同生育阶段出现的水分亏缺对作物产量影响的水分生产函数。一般以单一的生育阶段数学模型为基础,用数学模型的结构关系表示不同的生育阶段水分对产量的影响,主要有加法模型和乘法模型。

本研究在对比各种方法优劣后,选择 Jensen 模型描述贵州烟草水分生产函数为:

$$\frac{Y_a}{Y_m} = \left(\frac{ET_1}{ET_m}\right)^{0.106} + \left(\frac{ET_2}{ET_m}\right)^{0.037} + \left(\frac{ET_3}{ET_m}\right)^{0.526} + \left(\frac{ET_4}{ET_m}\right)^{0.287} \tag{4-1}$$

式中:Y_a 为烟草实际产量,kg/hm²;Y_m 为烟草最大产量,kg/hm²;ET_a 为第 i 生长阶段烟草实际腾发量,mm;ET_m 为第 i 生长阶段烟草最大腾发量,mm;i 为阶段序号。

烟草干旱灾损影响系数是指在其他生态条件充分满足下,由于发生干旱而影响烟草生长发育并造成减产的程度,不同生育期烟草对水分的敏感程度不同,干旱灾损影响系数随生育阶段变化。从理论意义上说,可以用水分敏感指数代替,即所有阶段的干旱灾损影响系数之和为1,将烟草不同发育期的水分敏感指数的大小作为主要依据,即可得到烟草不同生育期的灾损影响系数。

经计算,烟草干旱灾损影响系数如表4-20所示。

表 4-20　烟草干旱灾损影响系数

生育期	伸根期	旺长期	成熟期
干旱灾损影响系数	0.112	0.553	0.307

烟草各生育阶段干旱灾损贡献的确定,为建立以烟草产量灾损为目标的灾损评估模型奠定了基础,使实现贵州典型区烟水工程对烟草减灾效益评估成为可能。

4.3　烟草节水试验

4.3.1　烟草节水试验方案

烟草各生育期需水量、耗水规律不同,因此开展烟草节水试验,在分析烟草需水规律及耗水规律的基础上,探究烟草在不同干旱胁迫下的水分利用效率及节水百分率,为科学分配水量、合理灌溉奠定基础。

试验安排在基地东侧的测坑内进行。测坑为 4.0 m² 有底测坑,设有自动防雨棚。试验处理根据烟草受旱在不同生育阶段的土壤水分亏缺来设置,土壤水分亏缺程度以低于适宜土壤含水率下限值的百分数来控制。在还苗期设置低于土壤适宜含水率的 15% 为一个水平,团棵期及旺长期设置低于土壤适宜含水率的 15% 和 30%,成熟期以土壤适宜含水率的 15% 为一个水平。

试验设计分为 8 个处理,其中 1 个对照,各处理设 3 次重复,共有 24 个测坑。试验处理见表4-21。各处理平面布置采用随机排列方式(见图4-10)。测坑试验区,施肥以及其他管理均按常规大田试验的管理方法进行。试验场景如图4-11所示。

表 4-21　烟草节水试验正交设计组合

处理	编号	缓苗期	团棵期	旺长期	成熟期
CK	T1	65%	60%	70%	55%
缓苗期重旱	T2	55%	60%	70%	55%
团棵期轻旱	T3	70%	55%	75%	60%
团棵期重旱	T4	75%	50%	70%	60%
旺长期轻旱	T5	75%	60%	60%	55%
旺长期重旱	T6	75%	65%	55%	55%
成熟期轻旱	T7	80%	55%	75%	50%
成熟期重旱	T8	80%	60%	65%	45%

注:表中数值为田间持水量的百分数,即土层的平均含水率低于这一灌水控制下限时,则灌水至适宜上限。

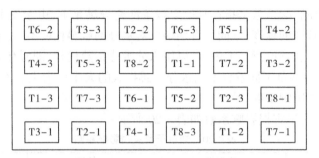

T6-2	T3-3	T2-2	T6-3	T5-1	T4-2
T4-3	T5-3	T8-2	T1-1	T7-2	T3-2
T1-3	T7-3	T6-1	T5-2	T2-3	T8-1
T3-1	T2-1	T4-1	T8-3	T1-2	T7-1

图 4-10　烟草节水试验布置

图 4-11　烟草节水试验场景

4.3.2　烟草全生育期田间耗水规律分析

4.3.2.1　烟草需水量

作物需水量是指在最佳水、肥条件和作物的正常生长状况下,作物整个生育期中,农田消耗于蒸散的水量。影响作物需水量的因素较多,如气象条件、作物种类、土壤性质和农业措施等。在烟草不同生育期,由于气象条件不同,各个生育期的需水量也不相同,一般为前期和后期需水量较少,中期需水量较多,确定烟草需水量的方法有经验公式法、水量平衡法、通过参考作物蒸发蒸腾计算的方法。这三类方法中计算参考作物蒸发蒸腾要求有大量的气象数据,经验公式法的参数值不容易获取,因此本书采用简便易行的水量平衡法计算烟草需水量,计算公式为:

$$ET = M + P + K + \Delta W - C \tag{4-2}$$

式中:ET 为作物蒸腾蒸发量,mm;M 为时段内的灌水量,mm;P 为时段内的降雨量,mm;K 为时段内的地下水补给量,mm;ΔW 为土壤水分变化量,mm;C 为时段内的排水量,mm。由于采用测坑试验,防雨棚隔绝降雨,灌水上限为田间持水量,故不考虑降雨、渗漏、排水和地下水补给。

$$ET = M + \Delta W \tag{4-3}$$

土壤含水量求得:

$$\Delta W = 1\,000\gamma H(\theta_1 - \theta_2) \tag{4-4}$$

式中：γ 为土壤容重，g/cm^3；H 为土层深度，m；θ_1 为阶段初始质量含水率（%）；θ_2 时段末的质量含水率（%）。

灌水量计算：烟草水分胁迫试验采用人工用喷壶浇灌。当土壤含水率低于设计下限时，对其进行灌水，灌水量通过如下公式进行计算，研究表明，在充分灌溉条件下，烤烟伸根期和团棵期、旺长期、成熟期灌水的计划湿润层深度分别 $20 \sim 30$ cm、$50 \sim 60$ cm、$30 \sim 40$ cm。

$$M = \gamma H(\theta_1 - \theta_2)S \tag{4-5}$$

式中：M 灌水量，m^3；θ_1 适宜含水率上限（%）；θ_2 适宜含水率下限（%）；γ 计划湿润层土壤容重，1.21 g/cm^3；H 计划湿润层深，m；S 灌溉面积，m^2。

作物需水量模比系数是指作物各生育阶段的需水量与全生育期作物需水量的比值（以百分数表示）。作物需水强度是指某一天的需水量，单位 mm/d。以对照组烟草的耗水量近似作为烟草的需水量。贵州烟草的需水情况如表 4-22 所示。

表 4-22 灌溉试验测得烟草需水量

项目	伸根期	团棵期	旺长期	成熟期	全生育期
阶段需水量/mm	69.17	10.40	205.65	178.24	463.46
需水强度/(mm/d)	3.46	1.73	4.90	3.43	3.80
需水模比系数/%	14.92	2.24	44.37	38.46	100.00

从表 4-22 看出：由于烟草各生育期的持续时间和气象条件不同，因而作物的阶段需水量和需水强度也有很大差异。伸根期、团棵期、旺长期、成熟期的阶段需水量分别为69.17 mm、10.40 mm、205.65 mm、178.24 mm，因此可见，烟草旺长期和成熟期对水分需求较多，需水模比系数较大，而伸根期和团棵期对水分需求较小，需水模比系数较小，主要是由于伸根期需水以地表蒸发为主，而团棵期时间较短。

4.3.2.2 烟草耗水量

烟草耗水量是指植株蒸腾与棵间土面（无水层时）蒸发以及构成烟草植物体的水量之和。在实际计算中，由于构成烟草植物体的水量这一部分很小，且影响因素较复杂，难以准确计算，因此忽略不计，即烟草的耗水量仅包括植株蒸腾与棵间蒸发。在正常灌溉条件下，烟草的耗水量主要受气象因素影响，同时又受烤烟自身的调节在非充分灌溉条件影响，烤烟蒸发蒸腾量会减少，由于烤烟生态系统内环境因素及其生态作用的改变以及烤烟体内的水分胁迫所引起的烤烟生理机能的内在反映，烤烟耗水量又有其特定的规律。综合本试验研究，选择用水量平衡方程推求烟草不同生育期耗水量（见表 4-23）。

表 4-23　不同处理下各生育期耗水量　　　　单位:mm

处理	伸根期	团棵期	旺长期	成熟期	全生育期
T1	63.50	4.20	212.00	176.20	455.90
T2	69.17	10.40	205.65	178.24	463.46
T3	44.63	14.60	189.67	176.82	425.72
T4	35.50	11.80	197.11	171.40	415.81
T5	70.91	13.07	132.70	187.31	403.99
T6	64.83	15.00	114.80	178.37	373.00
T7	69.20	13.80	196.80	124.70	404.50
T8	67.40	13.31	193.24	103.80	377.75

烟草各生育阶段的耗水量变化基本上呈现出先上升后下降的趋势(团棵期除外)。在伸根期烟株营养体小,植株蒸腾量少,烟田耗水以棵间蒸发为主,移栽期在 5 月上旬,气温不高,棵间蒸发也较少。因此,烟草耗水量也较低。由于团棵期时间较短,仅一周左右,因此在该时期耗水量最低。随生育期的推进,上升梯度逐渐加大,烟草生育期耗水量总体上随生育期的推进耗水量逐渐增加,在旺长期耗水量达到全生育期最大值。不同水分处理在各生育期耗水量差异较大(见表 4-24)。

表 4-24　烟草不同处理各生育期耗水强度　　　　单位:mm/d

处理	伸根期	团棵期	旺长期	成熟期	全生育期
T1	3.18	0.70	5.05	3.39	3.74
T2	3.46	1.73	4.90	3.43	3.80
T3	2.23	2.43	4.52	3.40	3.49
T4	1.78	1.97	4.69	3.30	3.41
T5	3.55	2.18	3.16	3.60	3.31
T6	3.24	2.50	2.73	3.43	3.06
T7	3.46	2.30	4.69	2.40	3.32
T8	3.37	2.22	4.60	2.00	3.10

烟草各处理的耗水强度变化整体呈现出先上升后下降趋势,随着烟株耗水量增加,耗水强度增大。伸根期耗水强度较大,主要原因是该年 5 月气温较高,加上烟株较小,棵间蒸发量大。团棵期耗水强度较小,随着生育期的推进,叶片增大,棵间蒸发量小。在旺长期耗水强度达到最大,成熟期后有所下降。在旺长期耗水强度最大为 5.05 mm/d(T1),耗水强度最小为 2.73 mm/d(T6),说明旺长期为烤烟的生长旺盛期。

耗水模数是作物各生育阶段的耗水量与全生育期总耗水量的比值,各处理烤烟的耗水模数变化与耗水量变化趋势一致。在充分灌溉条件下,烟草的耗水模数基本随着生育期的推进先上升后下降,到旺长期达到最大值,为44.37%~48.65%,成熟期较旺长期小。如果在旺长期发生干旱,则旺长期耗水模数较成熟期小,由于成熟期时间较长,且水分充足,总耗水量依然较大,见表4-25。

表4-25　不同处理下烟草各生育阶段耗水模数　　　　　　%

处理	缓苗期	团棵期	旺长期	成熟期	全生育期
T1	13.93	0.92	46.50	38.65	100.00
T2	14.92	2.24	44.37	38.46	100.00
T3	10.48	3.43	44.55	41.53	100.00
T4	8.54	2.84	47.40	41.22	100.00
T5	17.55	3.24	32.85	46.37	100.00
T6	17.38	4.02	30.78	47.82	100.00
T7	17.11	3.41	48.65	30.83	100.00
T8	17.84	3.52	51.16	27.48	100.00

综合可知,在正常灌溉条件下,贵州烟草的耗水量、耗水强度、耗水模数均以旺长期最大、成熟期次之、伸根期较小、团棵期最小(团棵期时间较短)。说明烟田耗水具有前期少、中期多、后期少的规律,旺长期是烟草需水的关键期。如果在旺长期发生干旱,则会出现旺长期耗水量、耗水模数和耗水强度小于成熟期的现象,违背烟草全生育期耗水规律,会对烟草产量产生影响。

4.3.2.3　烟草水分利用效率及节水百分率

作物水分利用效率本质上反映的是植物的耗水量与干物质量之间的关系,是指作物消耗单位水量所生产出的干物质量。其表达式为:

$$WUE = \frac{Y}{ET_C} \tag{4-6}$$

式中:Y为作物每亩产量,kg/亩;ET_C为作物每亩耗水量,m³/亩。

表4-26为贵州烟草在不同生育期干旱胁迫处理条件下的水分利用效率及节水百分率。

表4-26　烟草不同处理下水分利用效率及节水百分率

处理	耗水量/(m³/亩)	产量/(kg/亩)	水分利用效率/(kg/m³)	节水百分率/%
T1	227.95	241.43	1.06	1.63
T2	231.73	247.42	1.07	0
T3	212.86	236.76	1.11	8.14
T4	207.91	219.11	1.05	10.28
T5	202.00	208.13	1.03	12.83
T6	186.50	178.49	0.96	19.52
T7	202.25	216.78	1.07	12.26
T8	188.88	207.46	1.10	18.49

从表 4-26 可以看出：对照处理 T2 的耗水量最大，产量最高，但是，其水分利用效率却不是最高的，为 1.07 kg/m^3。T3 虽然产量略低于对照组，但水分利用效率最大，为 1.11 kg/m^3，可见轻度缺水发生在伸根期不仅可以提高烟草水分利用效率，而且还可提高作物烟草的抗旱能力。T7 成熟期轻旱，水分利用效率和对照组相同，但耗水量与对照相比节约了 12.26%，可见并不是供水量越大，水分利用效率越高。由以上分析可知，在烟水工程可供水量不能达到烟草整个生育期需水量时，可在某个生育阶段轻度缺水。由于处理 T6 旺长期重度干旱胁迫，虽然节水百分率较高为 19.52%，但产量和水分利用效率都较低。可见不同的水分处理和水分胁迫程度，对产量和水分利用效率的影响也不同，因此有必要开展烟水工程资源的合理配置，灌溉水量得到优化分配就需要制定可行的灌溉制度。

4.4　小　结

研究开展烟草对干旱的响应机制试验与烟草节水试验，分析干旱对烟草的影响，主要研究结果和结论如下：

（1）旺长期受旱是影响株高和叶面积发育的主要因素，随受旱时间增加株高和叶面积发育逐渐降低；旺长期受旱可导致烤烟有效产量下降。

（2）旺长期和成熟期受旱对烤烟化学成分的影响均表现为还原糖含量下降，总氮和烟碱含量升高，对钾和氯的含量影响不明显。

（3）在正常灌溉条件下，贵州烟草的耗水量、耗水强度、耗水模数均以旺长期最大、成熟期次之、伸根期较小、团棵期最小，旺长期是烟草需水的关键期。

（4）烟草不同生育期干旱灾损影响系数：伸根期为 0.112，旺长期为 0.553，成熟期为 0.307。

（5）伸根期轻度缺水不仅可以提高烟草水分利用效率，而且还可提高作物烟草的抗旱能力。因此，在烟水工程可供水量不能达到烟草整个生育期需水量时，可在伸根期轻度缺水以保障烟草正常生长。

5 贵州烟水工程与干旱灾害分布匹配程度

在气候变化引起贵州旱灾频发的情况下,如何加强烟水工程建设和重新布局事关贵州乡村振兴战略的有效实施和烟草产业的高效发展。因此,需对贵州各地市烟水工程与烟草干旱开展匹配度评价,为做好烟水工程建设和重新布局奠定坚实基础。研究利用2006~2017年贵州省降雨数据、烟草产量数据和烟水工程供水等数据,根据烟草不同生育阶段需水特性,在分析无烟水工程供水情况下烟草干旱特征的基础上,基于水量平衡方程为基础,构建烟水工程与烟草干旱匹配度评价模型,提出匹配度等级标准,评价贵州省9个产烟地市烟水工程与烟草干旱匹配度,以期找准烟水工程建设重点,为提升烟水工程抗旱减灾能力、促进贵州烟草高质量发展提供科技支撑。

5.1 所需资料与方法

5.1.1 所需资料

研究选取贵州省威宁、盘县、桐梓、毕节、湄潭、思南、铜仁、黔西、安顺、贵阳、凯里、三穗、兴仁、望谟、罗甸、独山、榕江共17个气象站点的气象以及产量资料,气象资料来源于中国气象网(www.date.cma.cn),产量资料来源于贵州烟草公司2006~2017年烟草种植收购计划统计。烟草需水量选用贵州省灌溉试验中心烟草试验所得数据,选取资料的时间序列为2006~2017年。本次评估2005年之后,在贵州烟区开展烟水配套工程建设以来,烟水工程与干旱灾害分布匹配程度。

根据气象站点位置,选取对应地区进行生育期划分,见表5-1。

表5-1 烟草生育期统计

地区	伸根期	旺长期	成熟期	气象站点
贵阳市	5.26~6.21	6.22~7.16	7.17~9.15	贵阳
安顺市	5.26~6.21	6.22~7.16	7.17~9.15	安顺
黔东南州	5.28~6.21	6.22~7.22	7.23~9.18	凯里、三穗、榕江
六盘水市	5.28~6.21	6.22~7.22	7.23~9.23	盘县
毕节市	5.28~6.21	6.22~7.22	7.23~9.23	威宁、毕节、黔西
遵义市	5.28~6.21	6.22~7.21	7.22~9.21	湄潭、桐梓
黔西南州	5.28~6.21	6.22~7.17	7.18~9.16	兴仁、望谟
黔南州	5.28~6.21	6.22~7.21	7.23~9.20	罗甸、独山
铜仁市	5.26~6.21	6.22~7.16	7.17~9.14	思南、铜仁

5.1.2　研究方法

5.1.2.1　有效降水量

有效降水量是指为满足作物蒸发所消耗降水量,不包括地表径流、渗漏至根系以外及其他方式损失的水量。采用式(5-1)计算某次降水的有效降水量(P_{ei}):

$$P_{ei} = \alpha_i P_i \tag{5-1}$$

式中:P_{ei} 为第 i 次降水有效量,mm;P_i 为第 i 次降水量,mm;α_i 为降水有效利用系数,当 $P_i \leq 5$ mm 时,$\alpha_i = 0$;当 5 mm$< P_i \leq 50$ mm 时,$\alpha_i = 0.85$;当 $P_i \geq 50$ mm 时,$\alpha_i = 0.75$。

有效降水量可以更为直观地表示干旱对于烟草生长的影响程度,以日为计算时间尺度,采用式(5-2)计算贵州某地区烟草不同生育阶段的有效降水量(P_{0j}):

$$P_{0j} = \frac{\sum_{i=1}^{m} P_{eij} A}{1\,000} \tag{5-2}$$

式中:P_{0j} 为某地区第 j 生育期的有效降水量,m³;P_{eij} 为该地区第 j 生育期第 i 次有效降水量,mm;A 为该地区烟草种植面积,m²。

在计算设计有效降水量时,选用 P-Ⅲ 分布函数,$C_s = 2.5 C_v$ 适线对有效降水量进行频率计算。

5.1.2.2　烟草缺水量与烟草缺水率

缺水量是作物不同生育阶段内需水量与有效降水量的差值,反映某地区作物缺水的绝对值。以无烟水工程供水的情况下烟草缺水量表征烟草干旱程度,明晰贵州省烟草干旱分布特征。对比分析烟草缺水量和烟水工程可供灌溉水量,刻画全生育期烟水工程与烟草干旱间匹配关系。根据水量平衡方程,有烟水工程可供灌溉水时,烟草需水量(W_r)等于生育期内有效降水(P_0)与烟水工程灌溉用水量(W)之和,如式(5-3)所示:

$$W_r = P_0 + W \tag{5-3}$$

式中:W_r 为烟草需水量,m³;P_0 为有效降水量,m³;W 为烟水工程可供灌溉水量,m³。

当有烟草干旱发生时,可能出现烟水工程可供灌溉水不足,导致烟草缺水。根据式(5-3)可得烟草缺水量(D_j),计算式为:

$$D_j = \frac{(W_{rj} - W_j - P_{0j}) \times 1\,000}{A} \tag{5-4}$$

式中:D_j 为某地区第 j 生育阶段烟草缺水量,mm;W_{rj} 为该地区第 j 生育阶段烟草总需水量,m³;W_j 为该地区烟水工程在第 j 生育阶段可供灌溉水量,m³;P_{0j} 为该地区第 j 生育阶段内有效降水量,m³;A 为该地区烟草种植面积,m²。

在无烟水工程供水情况下,$W = 0$,式(5-4)演变为式(5-5):

$$D_{0j} = \frac{(W_{rj} - P_{0j}) \times 1\,000}{A} \tag{5-5}$$

式中:D_{0j} 为某地区无烟水工程供水情况下第 j 生育期烟草缺水量,mm;其余符号意义同前。

烟草缺水率可综合反映烟水工程供水对烟草生长需水满足的贡献。定义烟草缺水率为某一区域烟草不同生育阶段内实际缺水量与烟草需水量的比值,以百分率表示。烟草不同生育阶段缺水率(R_j)的计算公式如下:

$$R_j = \frac{W_{rj} - W_j - P_{0j}}{W_{rj}} \times 100\% \tag{5-6}$$

式中:R_j 为某地区烟草不同生育阶段缺水率(%);其余符号意义同前。

5.1.3　烟水工程与烟草干旱匹配度评价模型

烟水工程与烟草干旱匹配度是刻画生育期内烟草干旱发生后,烟水工程满足烟草抗旱需水的程度。因此,在烟草缺水率的基础上,构建匹配度指标对烟水工程与烟草干旱是否匹配进行评价。匹配度越高,说明烟水工程对烟草抗旱减灾贡献越大,烟草缺水率越低。烟草不同生育阶段烟水工程与烟草干旱的匹配度(M_j)的计算公式为:

$$M_j = 1 - R_j \tag{5-7}$$

式中:M_j 为某地区第 j 个生育阶段烟水工程与烟草干旱匹配度(%);R_i 为某地区第 j 个生育阶段烟草缺水率(%)。以各生育阶段不同有效降水频率下烟草匹配度的平均值表征该生育阶段烟水工程与烟草干旱匹配的综合情况。

全生育期内烟水工程与烟草干旱的匹配度为各生育阶段烟水工程与烟草干旱的匹配度的加权平均值:

$$M = \sum \beta_j \cdot M_j \tag{5-8}$$

式中:M 为烟草全生育期某地区烟水工程与烟草干旱匹配度(%);β_j 为第 j 生育阶段烟水工程与烟草干旱匹配度权重;M_j 为某地区第 j 个生育阶段烟水工程与烟草干旱匹配度(%)。

其中,β_j 为烟水工程供水在不同生育阶段中的贡献大小。使用不同生育阶段无烟水工程供水时烟草缺水量与烟水工程可供水量的比值表示烟水工程供水的贡献程度。因此,第 j 生育阶段烟水工程与烟草干旱匹配度权重(β_j)的计算式如下:

$$\beta_j = \frac{D_{0j}/(W_j \times 1\,000/A)}{\sum D_{0j}/(W_j \times 1\,000/A)} \tag{5-9}$$

式中:β_j 为第 j 生育阶段烟水工程与烟草干旱匹配度权重;D_{0j} 为某地区无烟水工程供水情况下第 j 生育期烟草缺水量,mm;W_j 为该地区烟水工程在第 j 生育阶段可供灌溉水量,m^3;A 为该地区烟草种植面积,m^2。

综合不同生育阶段烟水工程与烟草干旱匹配度,结合各地区烟草实际产量数据及实地调研结果,确定烟水工程与烟草干旱匹配度等级标准共分五个等级(见表5-2):一级烟水工程与烟草干旱匹配度良好,二级烟水工程与烟草干旱匹配度较好,三级烟水工程与烟草干旱匹配度一般,四级烟水工程与烟草干旱匹配较差,五级烟水工程与烟草干旱匹配差。

表 5-2　烟水工程与烟草干旱匹配度等级标准

匹配度等级	烟水工程与烟草干旱匹配度/%
一级	$75 \leqslant M < 100$
二级	$70 \leqslant M < 75$
三级	$60 \leqslant M < 70$
四级	$40 \leqslant M < 60$
五级	$M < 40$

5.2　贵州省烟草干旱分布特征

5.2.1　全生育期烟草干旱分布特征

以不同频率下有效降水量分析贵州省烟草全生育期干旱灾害分布特征,结果见图 5-1。

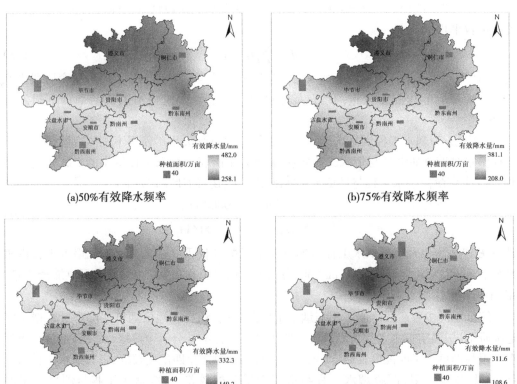

(a)50%有效降水频率　　　　　　　(b)75%有效降水频率

(c)90%有效降水频率　　　　　　　(d)95%有效降水频率

图 5-1　贵州省不同频率下全生育期有效降水分布

从图 5-1 可以看出,50%频率下全生育期有效降水量分布从西南到东北逐渐增多,有效降水量范围为 258.1~482.0 mm,均值为 356.6 mm,最小值出现在遵义习水,最大值出现在六盘水水城。75%频率下全生育期有效降水量与50%频率下有效降水量的空间分布具有一定的相似性,以黔西南州及六盘水市为降水集中地,并向东北方向逐渐减少。75%频率下有效降水量范围为208.0~381.1 mm,均值为286.5 mm,最小值出现在遵义道真,最大值出现在六盘水水城。90%频率下全生育期有效降水量范围为149.2~332.3 mm,均值为237.8 mm,最小值出现在毕节织金,最大值出现在六盘水水城。95%频率下全生育期有效降水量范围为108.6~311.6 mm,均值为212.7 mm,最小值出现在贵阳开阳,最大值出现在六盘水水城。

进一步分析可知,在不同有效降水频率下,遵义、毕节、铜仁地区有效降水量相对较小;黔西南、安顺、六盘水地区有效降水量相对较大。说明贵州西南部地区的干旱程度相对较轻;其余地区中,遵义、毕节、铜仁干旱较为严重。无烟水工程时,在50%、75%、90%、95%有效降水频率下,贵州省烟草全生育期平均缺水量分别为96.5 mm、167.2 mm、216.8 mm、242.7 mm,分别占全生育期需水总量463.5 mm的20.8%、36.1%、46.8%、52.4%。各地区平均有效降水量均未达到烟草全生育期需水量,仅依靠天然降水无法满足烟草生育阶段正常生长的需水。

5.2.2 不同生育阶段烟草干旱分布特征

5.2.2.1 伸根期

图5-2为贵州省不同频率下伸根期有效降水分布。

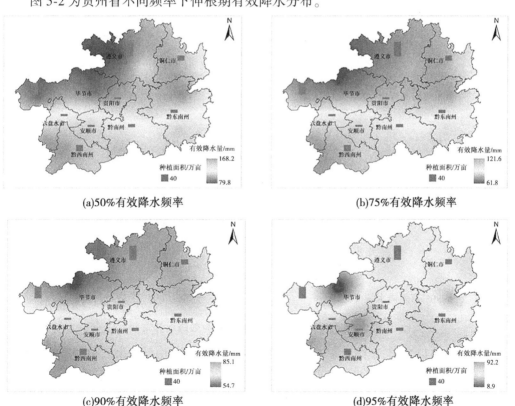

(a)50%有效降水频率

(b)75%有效降水频率

(c)90%有效降水频率

(d)95%有效降水频率

图5-2 贵州省不同频率下伸根期有效降水分布

由图 5-2 可以看出,不同频率下,贵州省伸根期有效降水均呈现南多北少分布特征,说明伸根期贵州省南部干旱程度较轻,北部干旱程度较为严重。50%有效降水频率下,伸根期有效降水量的最小值(79.8 mm)已超过烟草伸根期需水量(69.2 mm),说明在 50%有效降水频率下,伸根期内降水可满足贵州省烟草正常生长需求,未出现烟草干旱现象;75%有效降水频率下,贵州省伸根期有效降水量的平均值为 90.5 mm,大于烟草伸根期需水量,说明在 75%有效降水频率下,贵州省降水可满足大部分地区的烟草正常生长需水;90%有效降水频率下,贵州省伸根期平均有效降水量(70.5 mm)与烟草伸根期内需水量大致相同,说明随着干旱程度的加剧,贵州省烟草在伸根期内会出现一定程度的缺水现象;95%有效降水频率下,贵州省伸根期烟草缺水现象进一步加重,仅有黔西南地区平均有效降水量(69.4 mm)满足烟草伸根期需水,其余地区均出现不同程度的烟草干旱现象,其中,以毕节地区烟草干旱现象最为严重,平均缺水量为 20.7 mm。

5.2.2.2　旺长期

图 5-3 为贵州省不同频率下旺长期有效降水分布。

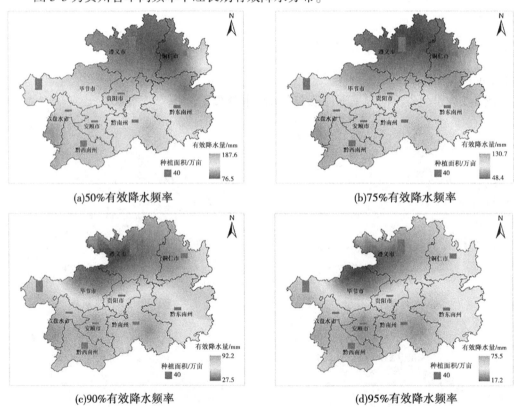

图 5-3　贵州省不同频率下旺长期有效降水分布

由图 5-3 可以看出,不同频率下,贵州省旺长期有效降水均呈现由西南向东北逐渐减小的分布特征,说明旺长期贵州省西南部干旱程度较轻,东北部干旱程度较重。对比不同频率下旺长期有效降水量与旺长期需水量(205.7 mm)可以看出,在没有烟水工程供水的情况下,贵州省烟草旺长期整体处于干旱状态,并且随着有效降水频率的增加,烟草旺长期干旱程度逐渐增大。50%、75%、90%、95%有效降水频率下,贵州省烟草旺长期平均缺水量分别为 83.4 mm、121.5 mm、144.6 mm、154.9 mm,分别占烟草旺长期需水量的40.5%、59.1%、70.3%、75.3%。在贵州省各市(州)中,以遵义地区烟草干旱最为严重,不同频率下烟草平均缺水量达 148.5 mm,占旺长期需水量的 72.2%。

5.2.2.3 成熟期

图 5-4 为贵州省不同频率下成熟期有效降水分布。

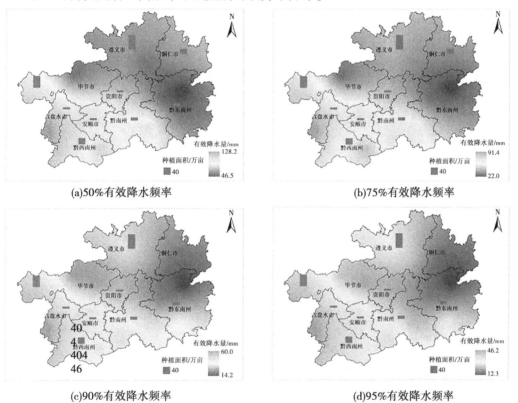

(a)50%有效降水频率

(b)75%有效降水频率

(c)90%有效降水频率

(d)95%有效降水频率

图 5-4 贵州省不同频率下成熟期有效降水分布

由图 5-4 可以看出,不同频率下,贵州省成熟期有效降水呈西多东少、南多北少分布特征,说明成熟期贵州省西南部干旱程度较轻,东北部干旱程度较重。对比不同频率下成熟期有效降水量与成熟期需水量(178.2 mm)可以看出,在没有烟水工程供水的情况下,贵州省烟草成熟期整体处于干旱状态,并且成熟期烟草干旱程度随有效降水频率的增大而增加。50%、75%、90%、95%有效降水频率下,贵州省烟草成熟期平均缺水量分别为106.3 mm、134.0 mm、148.3 mm、154.1 mm,分别占烟草成熟期需水量的 59.7%、75.2%、83.2%、86.4%。在贵州省各市(州)中,以遵义地区烟草干旱最为严重,不同频率下烟草平均缺水量达 143.8 mm,占成熟期需水量的 80.7%。

综上所述,贵州省各生育阶段烟草干旱均呈由东北部向西南部逐渐减轻的分布特征,并且随着有效降水量频率的增加,烟草干旱程度逐渐增大。在无烟水工程供水的情况下,贵州省伸根期烟草干旱程度最轻,其次是旺长期,成熟期烟草干旱程度最严重。在各市

(州)中,伸根期贵州省烟草干旱以毕节地区最为严重;旺长期、成熟期烟草干旱均以遵义地区最为严重。总体来看,仅依靠天然降水无法满足烟草各生育阶段的正常生长需水,并且不同有效降水频率下,贵州省烟草在旺长期、成熟期的平均缺水量分别达到 126.7 mm、136.2 mm,占烟草旺长期、成熟期需水量的 61.6%、76.4%,出现了较为严重的烟草干旱。

5.3　烟水工程与烟草干旱匹配性评价

5.3.1　全生育期烟水工程与烟草干旱匹配关系

在不同有效降水频率下,贵州省烟草全生育期缺水量分布见图 5-5。

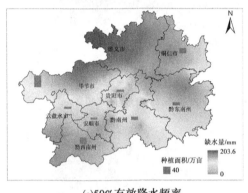

(a)50%有效降水频率

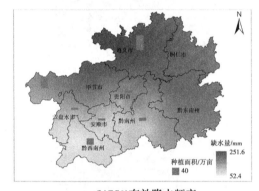

(b)75%有效降水频率

(c)90%有效降水频率

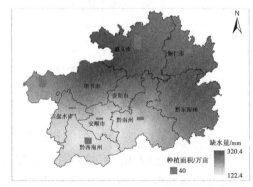

(d)95%有效降水频率

图 5-5　贵州省不同有效降水频率下全生育期缺水量分布

由图 5-5 可以看出,有烟水工程时,在 50%、75%、90%、95%有效降水频率下,贵州省烟草全生育期平均缺水量分别为 95.3 mm、155.8 mm、199.9 mm、222.9 mm,分别占全生育期需水总量 453.1 mm 的 21.0%、34.4%、44.1%、49.2%。这说明有烟水工程供水时,贵州各地区烟草缺水得到一定缓解。

有无烟水工程时不同有效降水频率下各地区全生育期缺水量对比见表 5-3。

表 5-3 有无烟水工程时不同有效降水频率下各地区全生育期缺水量对比   单位：mm

项目	50%有效降水频率		75%有效降水频率		90%有效降水频率		95%有效降水频率	
	无烟水工程	有烟水工程	无烟水工程	有烟水工程	无烟水工程	有烟水工程	无烟水工程	有烟水工程
安顺	47.6	20.7	127.9	101.0	169.9	142.9	185.8	158.9
毕节	139.7	132.0	199.6	191.9	255.1	247.5	284.6	277.0
贵阳	121.6	6.1	190.6	75.2	249.7	134.2	286.7	171.3
六盘水	47.9	40.9	126.1	119.2	171.2	164.3	186.9	179.9
黔东南	127.0	118.7	187.2	178.9	240.5	232.2	270.5	262.2
黔南	84.1	0	155.1	40.4	201.0	86.4	224.0	109.4
黔西南	10.7	0	97.4	52.7	151.5	106.9	180.6	136.0
铜仁	133.9	122.4	203.4	191.9	251.4	239.9	280.1	268.6
遵义	155.6	141.0	217.8	203.2	261.2	246.5	284.6	270.0

由表 5-3 可以看出，在不同有效降水频率下，有烟水工程供水时，贵州各地区烟草缺水依旧存在。50%有效降水频率下，毕节、黔东南、铜仁、遵义地区全生育期缺水量超过100 mm，分别为 132.0 mm、118.7 mm、122.4 mm、141.0 mm；75%有效降水频率下，毕节、黔东南、铜仁、遵义地区缺水量超过 150 mm，分别为 191.9 mm、178.9 mm、191.9 mm、203.2 mm；90%有效降水频率下，毕节、黔东南、铜仁、遵义缺水量超过 200 mm，分别为247.5 mm、232.2 mm、239.9 mm、246.5 mm；95%有效降水频率下，毕节、黔东南、铜仁、遵义地区的缺水量超过 250 mm，分别为 277.0 mm、262.2 mm、268.6 mm、270.0 mm。烟水工程虽然在一定程度上缓解了贵州省烟草干旱，但是，烟水工程与烟草干旱间匹配关系仍有待提升。

5.3.2 各生育阶段烟水工程与干旱灾害匹配性评价

计算在有烟水工程供水时贵州省各地区烟草不同生育阶段匹配度，对不同地区烟水工程与烟草干旱匹配度评价，挖掘贵州省烟水工程建设布局的薄弱之处，结果见图 5-6。

由图 5-6 可知，不同地区烟水工程与烟草干旱匹配度呈现一定的阶梯状分布。黔西南、黔南、安顺、六盘水、贵阳的匹配度分别为 55.4%、52.1%、46.2%、45.9%、44.7%，处于第四等级，烟水工程与烟草干旱匹配度较差；毕节、黔东南、铜仁、遵义的匹配度分别为34.4%、31.7%、28.6%、26.8%，处于第五等级，烟水工程与烟草干旱匹配度差。分析原因有三：第一，贵州省降水时空分布不均，烟草生育期内西南部降水量相对较大。第二，遵义烟草种植面积较大，容易造成烟水工程供不应求。第三，黔西南、黔南烟水工程数量相对较多，灌溉保障能力强；铜仁、黔东南灌溉保障能力相对较弱。

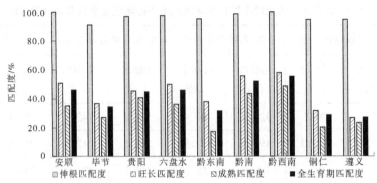

图 5-6　贵州省不同地区各生育阶段烟水工程与烟草干旱匹配度

对不同生育阶段,匹配度也存在差异:伸根期匹配度最高,其次是旺长期,成熟期匹配度相对较低。其原因是伸根期缺水主要出现在 90%、95% 有效降水频率下;旺长期、成熟期在不同有效降水频率下均出现了缺水现象,成熟期缺水现象更严重。同时,烟草旺长期、成熟期需水量较大;贵州省以 6 月降水量最大,6 月后降水量逐渐减小,而烟草旺长期集中在 6 月中下旬至 7 月中下旬,成熟期集中在 7 月下旬至 9 月中下旬,致使旺长期、成熟期烟草缺水现象较为严重。整体来看,贵州省各地区全生育期烟水工程与烟草干旱整体匹配度均为第四、五等级。因此,贵州省需进一步加强烟水工程科学布局,优先建设完善遵义、铜仁、黔东南地区的烟水工程,提升烟水工程与烟草干旱匹配度,充分发挥烟水工程减灾保产作用。

5.4　小　结

研究利用 2006~2017 年贵州省 17 个气象站点逐日降水数据、烟草产量数据和烟水工程供水数据,以水量平衡方程为基础,构建烟水工程与烟草干旱匹配度评价模型,提出匹配度等级标准,对贵州省烟水工程与烟草干旱匹配度进行评价。得到结论如下:

(1)烟水工程在一定程度上缓解了贵州省烟草干旱,但是烟水工程与烟草干旱间匹配关系仍有待提升。

(2)黔西南、黔南、安顺、六盘水、贵阳匹配度分别为 55.4%、52.1%、46.2%、45.9%、44.7%、34.4%,处于第四等级,烟水工程与烟草干旱匹配度较差;毕节、黔东南、铜仁、遵义匹配度分别为 31.7%、28.6%、26.8%,处于第五等级,烟水工程与烟草干旱匹配度差。

(3)不同生育阶段中,伸根期匹配度最高,旺长期次之,成熟期匹配度最低。伸根期缺水主要出现在 90%、95% 有效降水频率下,旺长期、成熟期缺水在各有效降水频率下。

6　典型县烟水工程抗旱减灾能力评估

　　烟水工程是烟草部门为烟草高产稳产灌溉而出资兴建的水利工程设施,是解决烟区群众生产生活用水,增加烟农收入,助力烟草产业振兴与农村饮水安全、推动烟叶生产可持续发展的有效途径,它是一项政府牵头、烟草出资、部门配合、农户受益的惠民工程。有必要开展典型区烟草减灾效益评估,更好地指导贵州烟水工程高质量建设与管理、提升烟水工程抗旱减灾能力,进而达到节水增收目的。因此,研究构建烟草减灾效益评估模型,对四个典型区烟水工程抗旱减灾能力进行评估,并给出各典型区烟草种植合理面积,计算各典型区烟水工程减灾效益,为提升烟草种植效益奠定基础。

6.1　贵州烟水工程现状

　　贵州是全国第二大烟叶产区,全省9市(州)均种植烟叶,产量约占全国的15%,在全国烟叶原料供应中有着举足轻重的地位。同时贵州烟区工程性缺水矛盾突出,需要新建大量的水源工程。

　　从2005年起,在国家烟草专卖局的支持下,贵州省大力实施烟草行业援建水源工程,为逐步解决烟区工程性缺水问题而建设蓄水灌溉工程,不仅有效改善烟区群众生产生活条件,而且极大地促进了当地社会主义新农村建设。根据2013年贵州省水利普查数据,得到贵州省烟水工程(含中、小型水工程)数量分布图(见图6-1)。

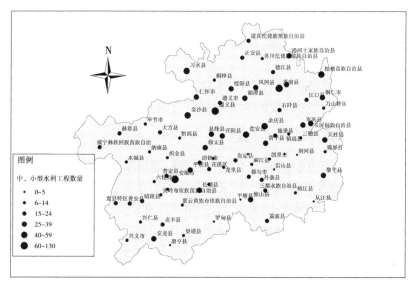

图6-1　贵州省中、小型水利工程数量分布

从图6-1可以看出,贵州烟水工程大多分布在黔中高原山区,如遵义市的湄潭、绥阳、凤岗;贵阳的修文、开阳、清镇;铜仁市的思南、江口县;安顺市的平坝区;黔西南的兴仁市等,这些地区烟草种植面积大,易出现春旱、春夏连旱的情况,需要烟草部门援建一些水利工程保证烟叶生产。

6.2　所需资料与方法

6.2.1　研究所需资料

研究选取贵州省湄潭县、威宁县、兴仁市、思南县 4 个典型区的气象及产量资料,气象资料来源于中国气象网(www.date.cma.cn),产量资料来源于贵州烟草公司 2006~2017年烟草种植收购计划统计。选取资料的时间序列为 2006~2017 年,主要评估 2005 年之后,在贵州烟区开展烟水配套工程建设以来,烟水工程对典型区烟草抗旱减灾效益。

6.2.2　研究方法

烟草不同生育期灌溉总需水量由下式计算:

$$W_r = \frac{W_0}{\beta} \tag{6-1}$$

式中:W_r 为折算到水源的灌溉用水量,即满足烟草生长所需的水源地取水量,m^3;W_0 为区域烟草总的净需水量,m^3;β 为灌溉水利用系数,是灌溉净需水量等于毛需水量与灌溉水利用系数的乘积。

烟草不同生育期灌溉净需水量根据烟草不同生育期需水量和灌溉面积确定,净需水量计算公式如下:

$$W_0 = \frac{ET_i A}{1\,000} \tag{6-2}$$

式中:W_0 为灌区田间总的净需水量,万 m^3;ET_i 为第 i 种作物的需水量,mm;A 为烟草的实际灌溉面积,hm^2。

其中 ET_i 的具体计算见式(3-11)、式(3-12)。

烟草灌溉可供水量、有效降水量、缺水率计算方法同第 5 章。

6.2.3　烟草减灾效益评估模型构建

在烟草长达 120 多天的生长期内,任何一个阶段受到旱灾都有可能影响其生长发育,进而造成烟草灾损,烟草全生育期的干旱灾损是不同生育期发生干旱的累积效应结果,因此在假定移栽期底墒充足的情况下,理论上,烟草减产百分率可表达为:

$$Y_r = \sum_i^n K_{(i)} y_{Dw(i)} \tag{6-3}$$

式中:Y_r 为烟草全生育期因受旱而引起的减产百分率(%);K 为烟草干旱灾损影响系数,不同生育期 K 值不同;$y_{Dw(i)}$ 为第 i 个生育阶段的相对气象产量,是致灾因子的函数。

在实际生产中烟草产量受多种因素的影响,无法完全分离出干旱致灾因子的影响,根据第 3 章所分析的贵州典型区烟草年减产率与致灾因子间的结果,烟草减产率和不同生

育期水分亏缺率呈线性关系,因此以阶段水分亏缺率作为评估烟水工程减灾能力的重要指标是合理的。可表达为:

$$y_{Dw(i)} = a \times D_{w(i)} + b \tag{6-4}$$

式中:a、b 为常数;$D_{w(i)}$ 为与 $y_{Dw(i)}$ 对应时段的水分亏缺率。

通过计算可以得到不同生育期水分亏缺引起的烟草减产百分率和减产量。

烟草不同生育期因水分亏缺引起的产量损失计算公式为:

$$y_l = y_r \times y_t \tag{6-5}$$

式中:y_l 为烟草不同生育期因水分亏缺引起的单位面积上的产量损失,kg/亩;y_r 的意义同式(6-3);y_t 为烟草趋势产量,kg/亩,由式(3-9)分解所得。

因烟水工程发挥抗旱减灾能力而减少的产量损失计算公式为:

$$y_n = y_{la} - y_{lb} \tag{6-6}$$

式中:y_n 为因烟水工程发挥抗旱减灾能力而减少的单位面积上的产量损失,kg/亩;y_{la} 为不考虑灌溉措施下烟草减产量,kg/亩;y_{lb} 为考虑灌溉措施下烟草减产量,kg/亩。

烟水工程减灾能力值计算:

$$P = y_n / y_{la} \tag{6-7}$$

式中:P 为烟水工程减灾能力值,无量纲;y_n、y_{la} 的意义同式(6-6)。

6.3　典型区烟水工程抗旱减灾能力评估

6.3.1　湄潭县烟水工程减灾能力评估

表 6-1 计算了湄潭县烟草不同生育期内烟草需水量、有效降水加烟水工程可供水量、有效降水量。

表 6-1　湄潭县烟草需水量、有效降水加烟水工程可供水量、有效降水量　单位:万 m³

年份	烟草灌溉需水量			有效降水加烟水工程供水(考虑灌溉情况下烟草可利用水量)			有效降水量(无灌溉措施下烟草可利用水量)		
	伸根期	旺长期	成熟期	伸根期	旺长期	成熟期	伸根期	旺长期	成熟期
2006	828.62	1 209.13	1 419.37	832.75	672.32	983.47	398.83	393.79	407.23
2007	891.84	989.20	1 216.33	732.04	817.79	1 257.63	122.06	704.77	963.72
2008	832.45	1 537.43	1 556.33	634.43	972.57	1 123.86	324.43	134.77	1 138.67
2009	588.46	1 107.15	1 265.99	569.12	906.39	1 124.86	459.30	306.49	623.95
2010	560.45	892.97	1 567.65	529.51	869.27	1 388.42	419.58	459.34	588.39
2011	876.16	1 083.19	1 365.24	693.54	928.85	1 095.24	183.22	693.27	395.84
2012	557.56	905.69	1 263.59	493.87	860.56	1 236.19	483.51	560.56	716.26
2013	873.27	1 367.52	1 431.05	648.19	909.46	1 167.15	148.37	311.24	568.27
2014	605.41	1 132.47	1 237.14	704.58	1 289.17	1 232.58	507.57	568.56	643.27
2015	778.56	1 379.65	1 587.64	671.25	1 027.73	987.58	461.54	331.57	297.85
2016	567.16	988.43	1 231.48	632.89	1 253.16	1 008.97	437.79	763.26	418.97
2017	676.81	1 183.14	1 465.34	614.58	1 150.47	1 213.28	315.68	651.57	423.88

由表 6-1 可知,湄潭县烟草不同年间灌溉需水量存在较大差异,主要原因是不同年份气象条件和烟草种植面积不同。多数年份烟草不同生育期内灌溉需水量大于降水自然补给水量,因此有必要采取灌溉措施来保证烟叶产量和质量。

图 6-2 描述了湄潭县烟草在不考虑灌溉与考虑灌溉两种情况下的缺水率。

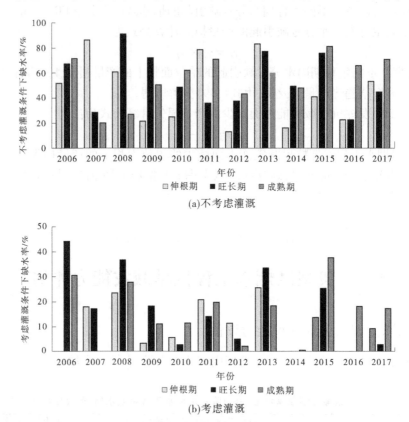

(a)不考虑灌溉

(b)考虑灌溉

图 6-2　湄潭县烟草在不考虑灌溉与考虑灌溉两种情况下的缺水率

从图 6-2 可以看出,烟水工程的建设对湄潭县灾情的影响较大,在烟水工程发挥作用的情况下,旱情比无烟水工程情况下明显减轻,干旱等级降低 1～2 个等级。此外,湄潭县烟草在不考虑灌溉措施下,烟草旺长期和成熟期缺水率较高,在考虑灌溉措施下,烟草旺长期缺水率存在显著减小趋势,这体现了在进行烟草灌溉时把有限的水资源分配在烟草需水关键期,使烟水工程发挥最大效益。

根据式(3-9)分解得到的烟草趋势产量,以及 Jensen 模型得到的烟草不同生育期干旱灾损影响系数,和式(5-7)计算得到的烟草有、无灌溉措施下水分亏缺率,根据式(6-3)计算烟草有、无灌溉措施下减产百分率,根据式(6-5)计算有、无灌溉措施下烟草灾损量,评估烟水工程减灾能力(见表 6-2)。

表 6-2　湄潭县烟水工程对烟草减灾能力计算成果

年份	趋势产量/(kg/亩)	无灌溉措施下减产百分率/%	有灌溉措施下减产百分率/%	无灌溉措施下烟草灾损量/(kg/亩)	有灌溉措施下烟草灾损量/(kg/亩)	烟水工程抗旱效益率/(kg/亩)	烟水工程减灾能力值
2006	117.95	16.86	10.03	19.89	11.83	8.06	0.41
2007	118.08	6.72	3.13	7.93	3.70	4.24	0.53
2008	119.02	17.23	8.45	20.51	10.06	10.45	0.51
2009	119.75	16.05	4.26	19.22	5.10	14.12	0.73
2010	120.28	13.14	1.79	15.80	2.15	13.65	0.86
2011	120.58	11.78	4.30	14.20	5.18	9.02	0.63
2012	121.64	9.97	1.45	12.13	1.76	10.36	0.85
2013	122.45	17.58	7.29	21.53	8.93	12.60	0.59
2014	123.00	12.21	1.38	15.02	1.70	13.32	0.89
2015	124.28	19.00	7.51	23.61	9.33	14.28	0.60
2016	124.77	9.27	1.76	11.57	2.20	9.37	0.81
2017	125.27	13.22	2.26	16.56	2.83	13.73	0.83

经计算,湄潭县烟草在无灌溉措施下减产百分率为 6.72%～19.00%,烟草灾损量为 7.93～23.61 kg/亩。在考虑灌溉措施下减产百分率为 1.38%～10.03%,烟草灾损量为 1.70～11.83 kg/亩。烟水工程抗旱效益率在 4.24～14.28 kg/亩,烟水工程减灾能力值为 0.41～0.89。在 2006 年,由于烟水配套工程刚投入使用或未投入使用,抗旱减灾效益不明显,烟草减产百分率依然较高,因而减灾能力弱,为 0.41。在 2008 年,烟水工程减灾能力值较低主要原因是该年份烟草种植面积较大,因此在考虑灌溉措施下烟草缺水率仍然较高。在 2011 年、2013 年、2015 年,干旱程度较重,即使在有灌溉措施的条件下,烟草灾损量仍然较高,烟水工程减灾能力相对较小。

6.3.2　威宁县烟水工程减灾能力评估

表 6-3 计算了威宁县烟草不同生育期内烟草需水量、有效降水加烟水工程可供水量、有效降水量。

表 6-3　威宁县烟草需水量、有效降水加烟水工程可供水量、有效降水量　单位:万 m³

年份	烟草需水量			有效降水加烟水工程供水(考虑灌溉情况下烟草可利用水量)			有效降水量(无灌溉措施下烟草可利用水量)		
	伸根期	旺长期	成熟期	伸根期	旺长期	成熟期	伸根期	旺长期	成熟期
2006	1 684.89	1 963.94	3 774.51	1 332.95	1 583.35	3 012.78	510.50	783.60	1 412.63
2007	1 446.06	2 218.53	3 302.47	1 268.64	2 051.33	3 193.12	686.86	1 460.24	2 093.72
2008	1 754.80	2 618.12	4 146.23	1 435.26	2 348.62	3 684.03	734.61	2 048.99	2 758.51
2009	1 869.48	2 813.23	3 852.98	1 453.26	2 307.09	3 309.34	993.59	1 410.45	2 508.87
2010	2 553.13	3 144.06	5 156.99	2 352.29	3 217.56	4 161.09	1 553.57	1 718.46	2 762.57
2011	3 092.15	4 323.18	7 121.71	2 156.22	3 397.93	5 673.24	853.13	2 594.80	4 074.75
2012	4 271.55	5 777.51	8 127.13	3 528.21	4 310.08	5 654.97	1 958.04	3 010.04	3 654.28
2013	2 811.36	4 875.18	6 872.46	2 321.07	4 311.69	5 145.37	1 754.32	3 254.16	3 641.33
2014	2 716.03	4 521.65	5 734.79	2 587.94	4 396.54	4 130.21	1 642.37	2 796.54	2 230.35
2015	2 569.85	4 341.87	4 137.84	1 914.49	3 682.93	4 253.05	904.67	2 580.52	2 754.21
2 016	2 305.61	3 984.12	3 872.16	2 318.44	3 589.31	3 347.93	1 417.86	2 698.17	1 947.96
2017	2 014.23	3 658.24	4 341.08	1 850.23	3 545.27	3 763.83	1 305.54	2 745.64	2 169.17

由表 6-3 可知,威宁县烟草不同年间灌溉需水量存在较大差异,主要原因是不同年份气象条件和烟草种植面积不同。多数年份烟草不同生育期内灌溉需水量大于降水自然补给水量,因此有必要采取灌溉措施来保证烟叶生产。

图 6-3 描述了威宁县烟草在不考虑灌溉与考虑灌溉两种情况下的缺水率。

从图 6-3 可以看出,烟水工程的建设对威宁县灾情的影响较大,在烟水工程发挥作用的情况下,旱情比无烟水工程情况下明显减轻,干旱等级降低 1~2 个等级。威宁县烟草在不考虑灌溉措施下,烟草伸根期缺水率较高,主要原因是威宁县海拔较高,春旱比较严重。在 2011 年、2012 年,即使考虑灌溉措施,烟草全生育期缺水率仍然较高,这是由于烟草种植面积较大,以致烟水工程供水能力不足,不能使烟水工程较好地发挥减灾效益。

由表 6-4 可知,威宁县烟草在不考虑灌溉措施下减产百分率为 9.67%~16.55%,烟草灾损量为 11.90~18.86 kg/亩。在考虑灌溉措施下减产百分率为 1.86%~6.90%,烟草灾损量为 2.16~8.13 kg/亩。烟水工程抗旱效益率在 7.25~12.98 kg/亩,烟水工程减灾能力值为 0.49~0.84。其中,2006~2008 年在不考虑灌溉措施下因烟水工程减少的烟草灾损量平均值为 11.70 kg/亩,减灾能力强,主要原因是这两年烟草种植面积相对较小,平均种植面积为 15 万亩。2011~2013 年减灾能力降低的主要原因是由于这两年种植面积相对较大,平均种植面积为 27 万亩,使得烟草不能得到充分灌溉,导致减灾能力降低。在 2015 年之后,随着烟水工程的建设与完善,调整作物种植结构,合理调整烟草种植面积,减灾能力趋于稳定。

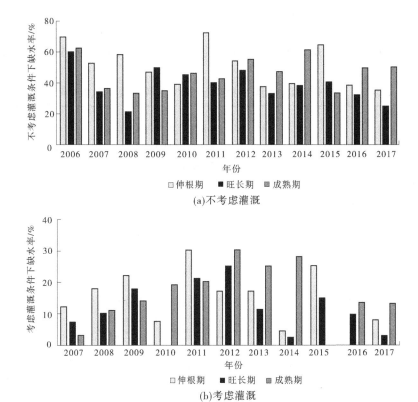

(a)不考虑灌溉

(b)考虑灌溉

图 6-3 威宁县烟草在不考虑灌溉与考虑灌溉两种情况下的缺水率

表 6-4 威宁县烟水工程对烟草减灾能力计算成果

年份	趋势产量/(kg/亩)	无灌溉措施下减产百分率/%	有灌溉措施下减产百分率/%	无灌溉措施下烟草灾损量/(kg/亩)	有灌溉措施下烟草灾损量/(kg/亩)	烟水工程抗旱效益率/(kg/亩)	烟水工程减灾能力值
2006	113.95	16.55	5.16	18.86	5.88	12.98	0.69
2007	114.68	11.76	1.94	13.49	2.22	11.26	0.84
2008	115.02	12.43	3.00	14.30	3.45	10.85	0.76
2009	115.75	10.72	4.46	12.41	5.16	7.25	0.58
2010	116.28	10.23	1.86	11.90	2.16	9.73	0.82
2011	116.98	15.44	5.50	18.06	6.43	11.63	0.64
2012	117.85	13.56	6.90	15.98	8.13	7.85	0.49
2013	116.95	10.18	4.29	11.91	5.02	6.89	0.58
2014	116.00	11.58	3.09	13.43	3.58	9.85	0.73
2015	115.28	13.49	2.70	15.55	3.11	12.44	0.80
2016	115.07	10.53	3.12	12.12	3.59	8.53	0.70
2017	114.27	9.67	2.01	11.05	2.30	8.75	0.79

6.3.3　兴仁市烟水工程减灾能力评估

表6-5计算了兴仁市烟草不同生育期内烟草需水量、有效降水加烟水工程可供水量、有效降水量。

表6-5　兴仁市烟草需水量、有效降水加烟水工程可供水量、有效降水量　　单位:万 m³

年份	烟草需水量			有效降水加烟水工程供水 (考虑灌溉情况下 烟草可利用水量)			有效降水量 (无灌溉措施下 烟草可利用水量)		
	伸根期	旺长期	成熟期	伸根期	旺长期	成熟期	伸根期	旺长期	成熟期
2006	402.61	550.86	1 004.97	325.73	712.13	917.07	235.58	502.38	733.09
2007	472.17	728.13	1 094.32	357.21	751.24	1 237.63	154.00	455.58	1 277.79
2008	489.81	803.00	1 334.70	613.98	863.32	1 269.08	620.90	377.45	1 070.07
2009	415.84	863.40	1 109.67	474.64	737.19	1 017.44	181.54	531.19	607.34
2010	554.35	770.56	1 359.08	411.46	961.74	1 452.29	301.36	758.88	1 059.29
2011	625.95	1 058.48	1 532.43	481.41	716.64	912.07	84.38	526.76	302.53
2012	661.05	713.75	1 471.78	632.17	713.87	1 413.74	447.57	656.61	901.64
2013	701.00	956.62	1 417.54	501.16	821.22	1 017.37	304.87	411.05	507.44
2014	592.54	976.08	1 323.98	424.17	749.18	1 274.19	241.32	298.74	674.32
2015	688.60	860.92	1 488.21	627.13	785.69	1 434.19	407.65	587.68	894.68
2016	719.71	927.19	1 510.48	619.85	847.18	1 432.59	587.64	537.49	844.13
2017	777.23	1 043.62	1 343.35	637.64	846.98	994.87	232.78	477.98	398.17

由表6-5可知,兴仁市烟草不同年间灌溉需水量存在较大差异,主要原因是不同年份气象条件和烟草种植面积不同。多数年份烟草不同生育期内灌溉需水量大于降水自然补给水量,因此有必要采取灌溉措施来保证烟叶生产。

图6-4描述了兴仁市烟草在不考虑灌溉与考虑灌溉两种情况下的缺水率。

从图6-4可以看出,烟水工程的建设对兴仁市灾情的影响较大,烟水工程建设后,灾情明显减轻,干旱等级降低1~2个等级。在2010年之前,部分烟草生育期内在考虑灌溉措施下存在水分盈余,主要原因是大批烟水工程投入使用,烟草灌溉面积增加。在2011

年,烟草生育期内发生了春夏连旱,并且烟草种植面积增大(与2006年相比,种植面积扩大了2.00万亩),以致烟水工程供水能力不足,因此即使考虑灌溉措施,烟草全生育期缺水率仍然较高。

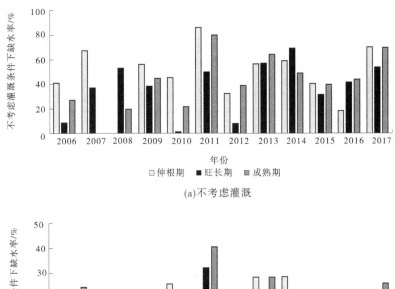

(a)不考虑灌溉

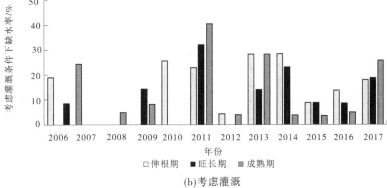

(b)考虑灌溉

图6-4 兴仁市烟草在不考虑灌溉与考虑灌溉两种情况下的缺水率

由表6-6可知,兴仁市烟草在不考虑灌溉措施下减产百分率为5.67%~21.51%,烟草灾损量为6.96~26.80 kg/亩。在考虑灌溉措施下减产百分率为0.75%~9.82%,烟草灾损量为0.92~16.25 kg/亩。烟水工程抗旱效益率为6.04~16.25 kg/亩,烟水工程减灾能力值为0.54~0.92。其中,2008年、2012年减灾能力值较高,主要是由于这两年干旱程度较轻,烟水工程蓄水量充足,使得大部分烟草得以充分灌溉。2011年烟水工程减灾能力值较低,主要原因是该年干旱程度较为严重,在无灌溉措施下,烟草灾损量就已高达26.80 kg/亩,因此即使考虑灌溉措施,烟草灾损量仍相对较高,因此减灾能力值较低。

表 6-6　兴仁市烟水工程对烟草减灾效益计算成果

年份	趋势产量/ (kg/亩)	无灌溉措施下减产百分率/%	有灌溉措施下减产百分率/%	无灌溉措施下烟草灾损量/(kg/亩)	有灌溉措施下烟草灾损量/(kg/亩)	烟水工程抗旱效益率/(kg/亩)	烟水工程减灾能力值
2006	121.95	11.78	3.64	14.37	4.44	9.93	0.69
2007	122.08	11.85	2.71	14.47	3.31	11.16	0.77
2008	122.82	5.67	0.75	6.96	0.92	6.04	0.87
2009	123.05	16.69	3.48	20.54	4.28	16.25	0.79
2010	123.98	11.98	2.79	14.85	3.46	11.39	0.77
2011	124.58	21.51	9.82	26.80	12.23	14.56	0.54
2012	124.84	9.49	0.79	11.85	0.99	10.86	0.92
2013	123.95	16.42	4.96	20.35	6.15	14.20	0.70
2014	123.00	16.39	4.52	20.16	5.56	14.60	0.72
2015	122.28	12.04	2.17	14.72	2.65	12.07	0.82
2016	121.77	9.80	2.29	11.93	2.79	9.14	0.77
2017	121.27	18.44	5.53	22.36	6.71	15.66	0.70

6.3.4　思南县烟水工程减灾能力评估

表 6-7 计算了思南县烟草不同生育期内烟草需水量、有效降水加烟水工程可供水量、有效降水量。

由表 6-7 可知,思南县烟草不同年间灌溉需水量存在较大差异,主要原因是不同年份气象条件和烟草种植面积不同。多数年份烟草不同生育期内灌溉需水量大于降水自然补给水量,因此有必要采取灌溉措施来保证烟叶生产。

图 6-5 描述了思南县烟草在不考虑灌溉与考虑灌溉两种情况下的缺水率。

从图 6-5 可以看出,烟水工程的建设对思南县灾情的影响较大,在烟水工程发挥作用的情况下,旱情比无烟水工程情况下明显减轻,干旱等级降低 1~2 个等级。思南县烟草在不考虑灌溉措施下,烟草旺长期和成熟期缺水率较高,主要原因是易发生夏秋连旱。在 2011 年,无灌溉措施下,烟草成熟期内发生严重干旱,即使考虑灌溉措施,烟草成熟期缺水率仍然较高,这是由于在该年7~8月降水偏少,查该年气象资料可知,在烟草成熟期累计有效降水量仅有8.00 mm,以致烟水工程供水能力严重不足,不能使烟水工程较好地发挥减灾效益。

表6-7 思南县烟草需水量、有效降水加烟水工程可供水量、有效降水量　单位:万 m³

年份	烟草需水量			有效降水加烟水工程供水（考虑灌溉情况下烟草可利用水量）			有效降水量（无灌溉措施下烟草可利用水量）		
	伸根期	旺长期	成熟期	伸根期	旺长期	成熟期	伸根期	旺长期	成熟期
2006	414.71	724.61	1 306.99	377.07	576.15	777.41	277.07	276.15	277.41
2007	652.26	927.50	1 650.59	525.47	707.86	1 243.78	215.23	397.71	633.54
2008	407.45	863.96	1 264.64	345.34	628.76	1 273.55	246.04	129.31	680.49
2009	371.63	826.34	1 432.12	368.39	713.17	1 035.67	339.38	312.18	245.14
2010	371.08	683.56	1 577.72	356.55	646.00	1 160.17	355.78	346.00	360.17
2011	512.17	744.99	1 593.38	444.22	557.75	766.83	244.22	357.75	66.83
2012	380.49	697.39	1 321.92	392.22	589.39	1 200.00	392.22	259.39	600.00
2013	742.63	1 184.56	1 849.07	616.87	937.21	1 217.64	416.87	237.21	217.64
2014	431.04	821.33	1 438.09	395.32	718.65	1 127.68	195.32	218.65	227.68
2015	372.69	708.14	1 297.36	336.95	717.02	1 232.85	236.95	217.02	532.85
2016	297.28	687.65	1 385.11	313.86	539.41	1 126.51	213.86	139.41	426.51
2017	180.38	503.62	983.56	162.01	417.18	838.66	62.01	217.18	208.66

由表6-8可知,思南县烟草在不考虑灌溉措施下减产百分率为14.41%~18.81%,烟草灾损量为15.85~21.30 kg/亩。在考虑灌溉措施下减产百分率为3.76%~9.20%,烟草灾损量为0.92~16.25 kg/亩。烟水工程抗旱效益率在7.93~16.26 kg/亩,烟水工程减灾能力值为0.43~0.76。2011年烟水工程减灾能力值较低,主要是由于该年夏旱严重,以致烟水工程供水能力严重不足,即使考虑灌溉措施,烟草成熟期缺水率仍然较高,降低了烟水工程减灾能力。

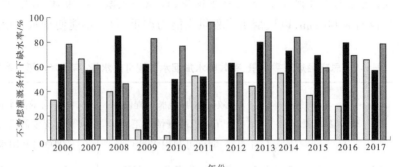

(a)不考虑灌溉

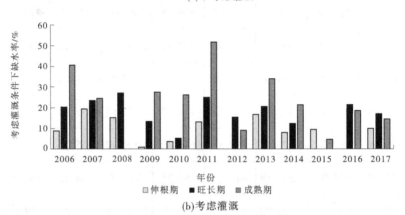

(b)考虑灌溉

图 6-5　思南县烟草在不考虑灌溉与考虑灌溉两种情况下的缺水率

表 6-8　思南县烟水工程对烟草减灾能力计算成果

年份	趋势产量/ （kg/亩）	无灌溉措施下 减产百分 率/%	有灌溉措施下 减产百分 率/%	无灌溉措施下 烟草灾损 量/（kg/亩）	有灌溉措施下 烟草灾损 量/（kg/亩）	烟水工程抗旱 效益率/ （kg/亩）	烟水工程 减灾 能力值
2006	109.04	16.55	7.44	18.05	8.11	9.93	0.55
2007	109.68	14.45	6.52	15.85	7.15	8.70	0.55
2008	110.02	17.74	4.80	19.52	5.28	14.24	0.73
2009	110.75	16.92	5.18	18.74	5.74	13.00	0.69
2010	111.28	14.41	3.76	16.04	4.18	11.85	0.74
2011	111.98	16.28	9.20	18.23	10.30	7.93	0.43
2012	112.35	14.82	3.80	16.65	4.27	12.38	0.74
2013	112.95	17.48	6.92	19.74	7.82	11.93	0.60
2014	113.2	18.81	4.45	21.29	5.04	16.26	0.76
2015	113.78	16.21	3.81	18.44	4.34	14.11	0.76
2016	114.07	18.67	5.64	21.30	6.43	14.86	0.70
2017	114.27	15.74	4.57	17.99	5.22	12.76	0.71

6.3.5 典型区烟水工程减灾能力分析

表 6-9 给出了湄潭、威宁、兴仁、思南四个典型区从 2005 年烟水工程开建以后逐年减灾能力值。

表 6-9 典型区烟水工程逐年减灾能力值

年份	2006	2007	2008	2009	2010	2011	2012	2013	2014	2015	2016	2017	平均值
湄潭	0.41	0.53	0.51	0.73	0.86	0.63	0.85	0.59	0.89	0.60	0.81	0.83	0.69
威宁	0.69	0.84	0.76	0.58	0.82	0.64	0.49	0.58	0.73	0.80	0.70	0.79	0.70
兴仁	0.69	0.77	0.87	0.79	0.77	0.54	0.92	0.70	0.72	0.82	0.77	0.70	0.76
思南	0.55	0.55	0.73	0.69	0.74	0.43	0.74	0.60	0.76	0.76	0.70	0.71	0.66

从表 6-9 可以看出：

（1）湄潭县烟水工程减灾能力整体来看呈上升趋势，但在 2011~2015 年间出现波动，主要是因为 2011 年湄潭在发生轻旱的情况下仍增大了种植面积，并且 2013 年湄潭县发生重旱，导致即使有灌溉措施，烟草灾损量仍然较高，烟水工程减灾能力相对较小。

（2）威宁县烟水工程减灾能力值整体呈波动上升趋势。相对其他典型区而言，该区烟草种植面积相对较大。其中，2006~2008 年减灾能力值相对较高的主要原因是这三年烟草种植面积相对较小，随着 2009 年烟草种植面积的增加，烟水工程减灾能力出现了短暂的下降。2011 年烟水工程减灾能力下降主要是由于 2011 年发生了中旱。在 2015 年之后，随着烟水工程的建设与完善，调整作物种植结构，合理调整烟草种植面积，减灾能力趋于稳定。

（3）兴仁市烟水工程减灾能力整体呈波动上升后趋于稳定的趋势。其主要原因是在"十二五"期间，兴仁市水利发展迅速，小（二）型以上蓄水工程兴利库容由 1 953 万 m³ 增加到到 6 751 万 m³，增加了 4 978 万 m³；针对小型水利工程权属混淆，产权难以明确的问题，兴仁市进行了积极的改革，彻底解决了小型水利工程管理缺位的问题，充分发挥抗旱作用，提升烟草保产能力。因此，即使在 2013 年发生特旱的情况下，兴仁市烟水工程减灾能力值依然可以保持在 0.7。

（4）思南县烟水工程减灾能力整体呈波动上升趋势。但是，该县位于重旱高发区，部分年间降水偏少，以致烟水工程蓄水严重不足，大大降低了烟水工程减灾能力的稳定性。其中，2011 年该县烟水工程减灾能力值出现了明显的下降主要是因为该年发生了中旱，7~8 月降水偏少，成熟期累计有效降水量仅有 8.00 mm，即使有灌溉措施，烟草成熟期期缺水率仍然较高。2013 年减灾能力值短暂下降一方面是因为该年发生了轻旱，另一方面是因为该年烟草种植面积较大。

图 6-6 为湄潭、威宁、兴仁、思南四个典型区从 2005 年烟水工程开建以来逐年减灾能力值和烟草不同生育期干旱等级。其中，烟草减灾能力值来源于表 6-9，烟草不同生育期干旱等级的计算参照第 3 章。

从图 6-6 可以看出：

（1）湄潭县烟水工程在 2006～2008 年减灾能力值较低，是由于烟水配套工程刚投入使用，烟水配套设施有待完善，即使考虑灌溉措施，也无法满足烟草正常生长需求，因而减

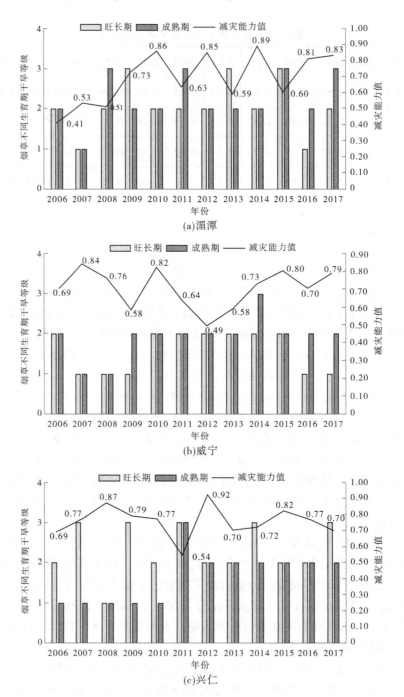

(a)湄潭

(b)威宁

(c)兴仁

图 6-6　烟草不同生育期干旱等级与烟水工程减灾能力值

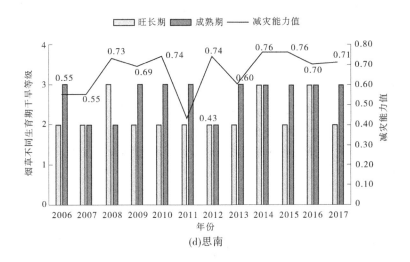

注:图中左轴纵坐标1、2、3分别代表轻旱、中旱、重旱干旱等级。

续图6-6

灾能力弱。在2010年、2012年、2014年烟草旺长期、成熟期分别发生中旱的情况下,烟水工程减灾能力值分别为0.86、0.85、0.89,减灾能力较高,说明烟水工程对湄潭县烟草发生中旱情况下减灾能力强。在2013年烟草旺长期出现重旱情况,烟水工程减灾能力下降,说明湄潭县烟水工程应对烟草旺长期发生重旱情况下减灾能力不足。

(2)威宁县烟草旺长期和成熟期易发生中旱,仅在2014年烟草成熟期发生一次重旱。在2010~2014年烟草旺长期、成熟期均发生中旱的情况下,减灾能力相差较大,其中2010年为0.82,2012年仅为0.49,查该县烟草种植面积可知,在2010年烟草种植面积为20.5万亩,而在2012年烟草种植面积高达34.82万亩,说明出现烟水工程减灾能力降低的原因主要是由于烟草种植面积的扩大。

(3)兴仁市烟草在旺长期易发生重旱,在2011之前烟草成熟期以轻旱为主,自2011年之后,干旱等级增大。总体来看,兴仁市烟水工程防灾减灾能力较强,在干旱等级增大的情况下减灾能力仍保持在0.70以上,这主要由于兴仁市在"十二五"期间,由贵州省烟草行业出资援建水源工程有鲁皂水库、响水水库、高寨水库、天湖水库、土桥水库等一系列烟水工程,可以满足烟草灌溉需求,减少烟草因受旱而造成的产量损失。

(4)思南县烟草无论是旺长期还是成熟期,均易发中度以上干旱,尤其是成熟期,易发生重度干旱。该县烟水工程减灾能力普遍偏低,均未达到0.80以上,这主要是由于烟草旺长期和成熟期干旱灾害等级偏高,因此在现有灌溉措施的条件下依然无法满足烟草需水,烟草水分亏缺率依然较高,烟草产量损失较多。此外,由图6-1可以看出,思南县的水利工程以小型农田水利工程为主,工程蓄水能力弱,因此抗旱减灾能力相对较弱。

综上可知:在2006年,由于烟水配套工程刚投入使用,湄潭、思南两出现了减灾能力弱的现象;2011年,由于全省范围内出现了较为严重的干旱,因此四个典型区减灾能力普遍较低,尤其思南县烟草成熟期降水仅有8 mm,以致烟水工程无法正常蓄水,大大降低了其减灾能力。在 2015 年之后,随着烟水工程的建设与完善,调整作物种植结构,合理调整烟草种植面积,减灾能力趋于稳定。

6.3.6 典型区现有烟水工程减灾能力下烟草适宜面积

在分析典型区烟水工程减灾能力的基础上,研究对于典型县烟草种植合理面积进行计算。将减灾能力值、干旱等级作为自变量,种植面积作为因变量,分别求出四个典型区减灾能力值与种植面积、干旱等级的对应关系。其中,干旱等级使用第 3 章全生育期 SPEI 计算结果,定义无旱等级为 0,轻旱等级为 1,中旱等级为 2,重旱等级为 3,特旱等级为 4。结果如下:

湄潭县烟水工程种植面积与减灾能力、干旱等级对应关系:

$$S = -0.012\ 9l^2 + 0.043\ 8p^2 - 0.163\ 1lp - 1.115\ 7l - 0.576\ 9p + 2.623\ 9 \quad (6\text{-}8)$$

威宁县烟水工程种植面积与减灾能力、干旱等级对应关系:

$$S = 0.013\ 3l^2 + 0.002\ 0p^2 + 0.013\ 0lp - 0.435\ 7l - 0.100\ 0p + 10.084\ 4 \quad (6\text{-}9)$$

兴仁市烟水工程种植面积与减灾能力、干旱等级对应关系:

$$S = -0.627\ 2l^2 - 0.035\ 0p^2 + 0.139\ 8lp - 0.067\ 4l - 0.716\ 6p + 5.463\ 3 \quad (6\text{-}10)$$

思南县烟水工程种植面积与减灾能力、干旱等级对应关系:

$$S = -0.119\ 6l^2 + 0.005\ 2p^2 + 0.186\ 4lp - 0.716\ 1l - 0.035\ 7p + 2.749\ 9 \quad (6\text{-}11)$$

式中:S 为种植面积,万亩;p 为减灾能力值;l 为干旱等级。

当减灾能力值取 1 时,各典型县在不同干旱等级下的烟草种植面积见表 6-10。

表 6-10 减灾能力为 1 时,各典型县在不同干旱等级下的烟草种植面积　　单位:万亩

干旱等级	湄潭	威宁	兴仁	思南
无旱	3.24	10.19	6.21	2.79
轻旱	1.95	9.78	5.66	2.14
中旱	0.64	9.39	3.85	1.25
重旱	—	9.04	0.79	0.13
特旱	—	8.71		

注:—表示该项计算结果为负。

由表 6-10 可知,当减灾能力值最大时,四个典型县种植面积较现有种植面积均有所减少;湄潭现有烟水工程最多可应对至中旱级别,兴仁、思南最多可应对至重旱级别。这说明四个典型区烟水工程建设均有缺失,应加强烟水工程建设,提高抗旱减灾能力。

取减灾能力值为 1,干旱等级为 2 时的种植面积为合理种植面积,则各典型区烟草合理种植面积分别为:湄潭县 0.64 万亩,威宁县 9.39 万亩,兴仁市 3.85 万亩,思南县 1.25 万亩。

6.4 典型区烟水工程减灾效益分析

由上一节计算的因烟水工程每亩减少的损失,以及贵州烟草公司提供的典型区烟草种植面积、当年烟草收购单价等资料计算烟水工程减灾效益。

由表 6-11 可知,湄潭县烟草常年种植面积在 4.80 万~8.00 万亩,因烟水工程每亩减少的损失在 4.24~14.28 kg/亩。经计算,该县每年因烟水工程而减少的烟草损失在 275.18~882.00 t,2006~2017 年合计减少损失 8 218.29 t;每年因烟水工程而产生的经济效益在 239.40 万~2 020.98 万元,2006~2017 年因烟水工程发挥减灾效益而减少的经济损失共计 15 130.32 万元。

表 6-11 湄潭县烟水工程对烟草减灾效益计算成果

年份	种植面积/万亩	因烟水工程每亩减少的损失/(kg/亩)	总共减少损失/t	当年烟草收购单价/(元/kg)	减灾效益/万元
2006	6.74	8.06	543.24	8.24	447.63
2007	6.49	4.24	275.18	8.70	239.40
2008	8.00	10.45	836.00	10.00	836.00
2009	6.19	14.12	874.03	13.24	1 157.21
2010	6.41	13.65	874.97	14.70	1 286.20
2011	6.70	9.02	604.34	16.34	987.49
2012	6.50	10.36	673.40	18.23	1 227.61
2013	7.00	12.60	882.00	20.86	1 839.85
2014	5.95	13.32	792.54	25.50	2 020.98
2015	5.20	14.28	742.56	26.72	1 984.12
2016	4.92	9.37	461.00	28.30	1 304.64
2017	4.80	13.73	659.04	27.30	1 799.18
合计			8 218.29		15 130.32

由表 6-12 可知,威宁县烟草常年种植面积在 13.51 万~34.82 万亩,因烟水工程每亩减少的损失在 6.89~12.44 kg/亩。经计算,该县每年因烟水工程而减少的烟草损失在 1 134.63~2 786.56 t,2006~2017 年合计减少损失 25 031.22 t;每年因烟水工程而产生的经济效益在 1 308.25 万~6 722.59 万元,2006~2017 年因烟水工程发挥减灾效益而减少的经济损失共计 45 419.31 万元。

由表 6-13 可知,兴仁市烟草常年种植面积在 4.30 万~7.20 万亩,因烟水工程每亩减少的损失在 6.04~16.25 kg/亩。经计算,该县每年因烟水工程而减少的烟草损失在 343.07~1 022.40 t,2006~2017 年合计减少损失 8 204.20 t;每年因烟水工程而产生的经济效益在 385.61~2 136.88 万元,2006~2017 年因烟水工程而减少发挥减灾效益而减少的经济损失共计 14 591.00 万元。

表 6-12　威宁县烟水工程对烟草减灾效益计算成果

年份	种植面积/ 万亩	因烟水工程每亩 减少的损失/ （kg/亩）	总共减少 损失/t	当年烟草 收购单价/ （元/kg）	减灾效益/ 万元
2006	14.17	12.98	1 839.27	7.74	1 423.59
2007	13.51	11.26	1 521.23	8.60	1 308.25
2008	16.80	10.85	1 822.80	9.98	1 819.15
2009	15.65	7.25	1 134.63	14.72	1 670.17
2010	20.50	9.73	1 994.65	13.96	2 784.53
2011	23.00	11.63	2 674.90	15.52	4 151.44
2012	34.82	7.85	2 733.37	16.54	4 520.99
2013	29.22	6.89	2 013.26	21.66	4 360.72
2014	27.52	9.85	2 710.72	24.80	6 722.59
2015	22.40	12.44	2 786.56	25.18	7 016.56
2016	22.80	8.53	1 944.84	26.32	5 118.82
2017	21.20	8.75	1 855.00	24.38	4 522.49
合计			25 031.22		45 419.31

表 6-13　兴仁市烟水工程对烟草减灾效益计算成果

年份	种植面积/ 万亩	因烟水工程每亩 减少的损失/ （kg/亩）	总共减少 损失/t	当年烟草 收购单价/ （元/kg）	减灾效益/ 万元
2006	4.30	9.93	426.99	9.58	409.06
2007	4.40	11.16	491.04	10.02	492.02
2008	5.68	6.04	343.07	11.24	385.61
2009	5.18	16.25	841.75	14.06	1 183.50
2010	5.73	11.39	652.65	15.84	1 033.79
2011	6.30	14.56	917.28	13.28	1 218.15
2012	6.96	10.86	755.86	15.64	1 182.16
2013	7.20	14.20	1 022.40	19.26	1 969.14
2014	5.94	14.60	867.24	24.64	2 136.88
2015	5.20	12.07	627.64	24.08	1 511.36
2016	5.20	9.14	475.28	22.24	1 057.02
2017	5.00	15.66	783.00	25.70	2 012.31
合计			8 204.20		14 591.00

由表6-14可知,思南县烟草常年种植面积在2.60万~5.90万亩,因烟水工程每亩减少的损失在8.70~16.26 kg/亩。经计算,该县每年因烟水工程而减少的烟草损失在350.51~751.21 t,2006~2017年合计减少损失6 417.79 t;每年因烟水工程而产生的经济效益在257.67万~1 897.56万元,2006~2017年因烟水工程发挥减灾效益而减少的经济损失共计10 671.44万元。

综上,在2006~2017年,四个典型区烟草因烟水工程减少的损失共计47 871.5 t,减灾效益合计85 812.07万元。

表6-14　思南县烟水工程对烟草减灾效益计算成果

年份	种植面积/万亩	因烟水工程每亩减少的损失/(kg/亩)	总共减少损失/t	当年烟草收购单价/(元/kg)	减灾效益/万元
2006	3.85	9.93	382.31	6.74	257.67
2007	5.70	8.70	495.90	7.82	387.79
2008	4.35	14.24	619.44	9.16	567.41
2009	4.25	13.00	552.50	12.14	670.74
2010	4.81	11.85	569.99	13.30	758.08
2011	4.42	7.93	350.51	13.82	484.40
2012	4.80	12.38	594.24	15.68	931.77
2013	5.90	11.93	703.87	20.44	1 438.71
2014	4.62	16.26	751.21	25.26	1 897.56
2015	4.08	14.11	575.69	23.70	1 364.38
2016	3.30	14.86	490.38	24.68	1 210.26
2017	2.60	12.76	331.76	21.18	702.67
合计			6 417.79		10 671.44

6.5　小　结

研究主要计算了贵州典型区烟水工程建成以来烟草不同生育期水分亏缺率,以阶段水分亏缺率作为评估烟水工程减灾效益的重要指标,建立贵州典型区减灾效益评估模型,评估了贵州典型区烟水工程建成以来每年减灾能力、计算烟草种植合理面积及减灾效益。主要研究结果和结论如下:

(1)湄潭县烟水工程对烟草发生中旱情况下减灾能力强,应对烟草旺长期发生重旱情况下减灾能力不足。威宁县烟草生育期干旱等级相对湄潭较轻,烟水工程减灾能力略高于湄潭。兴仁市烟水工程防灾减灾能力较强,在干旱等级增大的情况下减灾能力仍保持在0.70以上。思南县烟草无论是旺长期还是成熟期,均易发中度以上干旱,该县烟水工程减灾能力相对较低。

（2）湄潭、威宁、兴仁、思南四个典型区烟草种植合理面积分别为0.64万亩、9.39万亩、3.85万亩、1.25万亩。在此种植面积下,各典型区可应对中旱级别干旱。

（3）在2006~2017年,湄潭县烟草因烟水工程减少的损失为8 218.29 t,减灾效益为15 130.32万元;威宁县烟草因烟水工程减少的损失为25 031.22 t,减灾效益为45 419.31万元,兴仁市烟草因烟水工程减少的损失为8 204.20 t,减灾效益为14 591.00万元;思南烟草因烟水工程减少的损失为6 417.79 t,减灾效益为10 671.44万元。四个典型区烟草因烟水工程减少的损失共计47 871.5 t,减灾效益合计85 812.07万元。

7 贵州烟水工程抗旱减灾能力提升对策

烟水工程是指烟草行业为了保障烟区烟草生产过程中的水分供应,补贴修建的水窖、水池、管网、沟渠、机井、提灌站、塘坝、倒虹吸、渡槽等农田水利工程。烟水工程建设是综合利用水资源发展现代烟草农业种植、保障原料供应、提高烟区农民收入。然而,通过实地调研可以发现,烟水工程建设以及对管理维护工作不够重视,不能使烟水工程发挥应有效益。因此,针对实地调研过程中烟水工程存在的问题和研究成果,给出提高烟水工程抗旱减灾能力的对策。

7.1 典型区烟水工程存在的问题

7.1.1 现状调研

课题组分别于 2019 年 8 月 19 日、8 月 22 日实地调研贵州省兴仁市雨樟镇、修文县小箐乡和黔东南州黄平县烟草生产基地,对当地烟水工程实地考察,走访烟农,询问工程运行效果、管理维护措施,烟水工程调研情况如下:

(1)缺乏高效节水设施,灌溉水利用率低。

由图 7-1 可以看出,由于地形、成本等因素,大部分村民把水从末级渠道引入蓄水池内,仍旧采取传统的地面灌溉措施,未采取喷灌、滴灌等高效节水灌溉措施。

图 7-1 烟田蓄水设施

(2)田间坑塘蓄水池等蓄水设施破损严重,蓄水能力严重不足。

从图 7-2 可以看出,部分烟水配套设施漏水情况严重,末级渠道存在漏水现象。造成该问题的原因有以下 3 个方面:①维护资金难以落实,以致大部分受损坏的渠道无法进行正常维修,加上该地区水旱灾害频发,烟水工程负荷日益加重,损坏也随之加重。②政府重视不够,制度不健全,措施不得力,部分乡镇的烟水基础设施没有配备相应的人力、物力、财力等。③部分烟农管护意识较薄弱,有的烟农甚至为了自己灌水方便,直接破坏烟水工程渠道、管网等设施,进行截流取水。

图 7-2　末级渠道存在漏水情况

　　从图 7-3、图 7-4 可以看出,部分蓄水池、小水窖破损严重且不能正常蓄水。造成该问题的原因有以下两个方面:①区域由于地势较高,在大旱之年,无法将水通过渠道引入蓄水池。②由于蓄水池、小水窖涉及农户较多,分布广泛,不便于烟草部门统一管理,烟农对小水窖使用率低,对“谁受益、谁管护”的运行管护政策理解还不够,造成损坏较多。

图 7-3　部分蓄水池无水可用　　　　　　图 7-4　水窖年久失修、破损严重

　　此外,部分烟水工程渠底还出现裂痕,无法正常输水、配水,如图 7-5(a)所示。有的渠道内杂草过多,淤泥、沙石堵塞,以致水流不畅通,影响烟水工程正常使用,如图 7-5(b)所示。

　　(3)烟水工程配套不足。

　　如图 7-6、图 7-7 所示,由于资金不足,烟草种植区配套水利工程不能按照规划进行建

（a）渠底出现裂痕　　　　　　　　（b）渠道内存在杂草

图 7-5　修文县小箐乡小坝村烟水工程状况

设。其中,黔东南州黄平县烟水工程出现配套不足,兴仁市烟草生产基地水源工程虽已建好,但配套的配水管线仍未实施,严重影响了烟水工程的效益发挥。

图 7-6　黔东南州黄平县烟水工程配套不足

图 7-7　兴仁市烟草生产基地烟水工程配套不足

（4）农业灾害保险项目参保人数较少,亟待宣传推广。

通过调研发现,56 户烟农中只有 1 户种植大户购买了相关保险,更多烟农(特别是 50

岁以上的烟农)对农业灾害保险项目不了解、不信任,且烟农收入不高,风险意识较差,购买农业灾害保险的意愿不强。政府相关部门和保险公司应加强科普宣传,深化烟草种植、生产保险改革,加强相关推广工作。

7.1.2　典型区旱情特点

通过第3章对干旱历史演变规律的分析可以发现,近25年来,贵州省气象变化较为突出,烟草全生育期干旱程度呈上升趋势。在四个典型区中,湄潭旺长期及成熟期干旱均呈下降趋势;威宁旺长期及成熟期干旱均呈上升趋势;兴仁在旺长期干旱变化趋势不明显,在成熟期干旱呈轻微上升趋势;思南旺长期干旱干旱变化趋势不明显,成熟期干旱呈下降趋势。

进一步分析烟草生育期内不同干旱发生的频率后发现,烟草生育期内旱灾频发,烟草不同生育期内不同等级干旱发生的频率也不相同。表7-1统计了自2005以来烟草生育期内不同等级干旱发生的频率。

表 7-1　烟草生育期内不同等级干旱发生的频率　　　　　　　　　　%

站点	旺长期			成熟期		
	轻旱	中旱	重旱	轻旱	中旱	重旱
湄潭	16.67	58.33	25.00	8.33	58.33	33.33
威宁	41.67	58.33	0	16.67	75.00	8.33
兴仁	8.33	50.00	41.67	41.67	50.00	8.33
思南	0	75.00	25.00	0	25.00	75.00

从表7-1可以看出烟草旺长期内轻旱高发地区在威宁县,思南县不发生轻旱;四个站点发生中旱的频率均在50%以上,思南县发生中旱的频率最高,为75%;兴仁市重旱发生的频率最高,为41.67%,威宁县烟草旺长期无重旱发生。在烟草成熟期内,兴仁市发生轻旱的频率最高,思南县不发生轻旱;威宁县发生中旱的频率最高,为75%,此外,湄潭县发生中旱的频率也较高,为58.33%,思南县发生中旱的频率最低,为25%;思南县为重旱高发地区,重旱发生的频率高达75%,威宁县、兴仁市发生重旱的频率较低。

7.1.3　典型区抗旱能力

湄潭、威宁、兴仁、思南分别属于贵州省遵义、毕节、黔西南、铜仁地区。从第5章烟水工程与干旱灾害分布的匹配程度可以看出,遵义、毕节、铜仁地区烟水工程与干旱灾害的匹配程度较差;黔西南地区烟水工程与干旱灾害的匹配度为良。这说明四个典型区烟水工程抗旱减灾能力均有一定提升空间。

图7-8~图7-10分别描述了不同干旱等级下烟水工程减灾能力提升空间。

从图7-8可以看出,在发生轻旱的情况下,湄潭县烟水工程减灾能力提升空间最大,

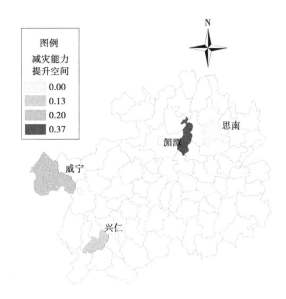

图 7-8　烟草轻旱情况下烟水工程减灾能力提升空间

由表 7-1 可知,湄潭县烟草生育期内发生轻旱的概率较低,此外由第 6 章可以看出发生轻旱的年份为 2007 年、2016 年,在 2007 年烟水配套设施有待完善,因而其减灾能力提升空间最大。思南县烟草由于无轻旱发生,因而其减灾能力提升空间暂不考虑。兴仁市烟水工程减灾能力提升空间较低,因为兴仁市烟草旺长期内发生轻旱概率较低,在 2006~2017 年间仅发生一次轻旱,而烟草旺长期发生轻旱对烟草影响相对较小。威宁县烟水工程减灾能力提升空间较高,威宁县烟草旺长期内发生轻旱概率较高,由于该县烟草种植面积较大,增加了干旱对其造成的不利影响。

图 7-9　烟草中旱情况下烟水工程减灾能力提升空间

从图 7-9 可以看出,在发生中旱的情况下,思南县烟水工程减灾能力提升空间最大,因为思南县烟草旺长期内发生中旱的频率高达 75%,为烟草需水关键期。此外,威宁县烟水工程减灾能力提升空间也较大,该县烟草成熟期内易发生中旱,对烟草产量造成严重损失。湄潭县、兴仁市烟水工程减灾能力提升空间较低,这是由于湄潭县、兴仁市烟水工程应对烟草生育期内发生中旱情况下减灾能力较高。

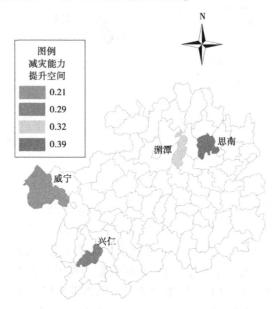

图 7-10   烟草重旱情况下烟水工程减灾能力提升空间

从图 7-10 可以看出,在发生重旱的情况下,所选取的四个站点烟水工程减灾能力提升空间均高于 0.20。其中,思南县、湄潭县烟水工程减灾能力提升空间最大,这是由于该区域是夏旱高发地区,同时又是重旱易发地区,其中,思南县烟草成熟期内发生重旱的频率高达 75%。威宁县、兴仁市烟水工程减灾能力提升空间相对较低,由于该区域烟草成熟期发生重旱的频率较低,可以将有限的水资源分配到烟草旺长期内,提高了烟水工程减灾能力。

7.1.4   存在的问题

7.1.4.1   烟水工程负荷过大

烟水工程总体抗旱能力偏低,区域抗旱能力不平衡。烟水工程及配套设施建设薄弱,水资源配置格局尚不完善,工程设施老化失修,大部分地区缺少抗旱应急水源工程,当遭遇严重及以上干旱年份时,无法满足抗旱应急需求。烟水工程在使用期间频繁出现渗漏等问题,导致工程的蓄水能力、渠道灌溉能力及泵站排洪能力等大幅度下降,无法充分满足当地烟草灌溉用水需求。

7.1.4.2   政府管控力度过小

烟水工程在使用期间存在管理机制不健全、管护措施不到位等问题,一些烟水工程存在资金不充足、维修养护费用不到位等问题,导致烟水工程管理效果难以达到理想水平。

抗旱保障体系不完善,工作法规不健全,缺少约束性规定,侵占、破坏抗旱设施的现象依然存在。缺乏旱情综合分析与预警功能,旱情信息管理分散,管理部门多元化,不利于旱情信息的管理与使用,造成很大的资源浪费。农业抗旱缺少政策支持,没有形成良性运行机制。

7.1.4.3 烟农参与意识不强

烟水工程是造福烟农的工程,在烟水工程建设运行期间烟农是最直接的受益者,因此烟农须高度重视并积极参与烟水工程建设管理,使烟水工程发挥出更大的作用。但一些烟农由于受教育程度低或其他原因而对烟水工程建设不关心、不重视,不认为烟水工程建设与自身的利益密切相关,因此不能积极主动地参与烟水工程建设与管理,且养成了浪费水资源的习惯。当前烟水工程抗旱宣传培训环节薄弱,相关部门应加大宣传教育力度,及时转变烟农错误的用水观念与行为,减少水资源浪费。

7.2 抗旱减灾能力提升对策

7.2.1 组织管理基础性措施

7.2.1.1 建立有效的防旱抗旱指挥系统

面对严重的抗旱形势,抗旱工作必须实现战略性的转变,实现主动抗旱、全面抗旱和积极抗旱。建立并完善干旱灾害管理模式,建立地表水和地下水联合调度机制,水资源优化配置,抗旱与防洪排涝统筹应对的水利工程联合运行调度机制,确保工程旱能灌、涝能排。各烟区政府应分别成立由烟草、水利、财政、审计等部门组成的烟水配套工程运行管护委员会,制定考核对象、考核内容、考核标准、考核结果运用,并将考核结果与福利待遇挂钩,提高其管护工作的责任性、积极性、主动性,从而提高烟水工程防灾减灾、增强抵御风险的能力。同时,根据不同类型旱情旱灾发生的特点,旱灾影响范围、有针对性地采取相应的措施和对策,建立长效抗旱机制,建立并完善抗旱应急水源工程体系、旱情预测预警预报系统、抗旱指挥调度系统、抗旱服务体系和抗旱管理体系,全面提升烟草抗旱减灾能力。

7.2.1.2 重视媒体的宣传引导作用

通过科普读物、宣传册、报纸、电视、网络等多种方式,加强抗旱减灾知识、相关政策、法规的宣传和普及;完善分层分级的专业人员动员机制,编制专业教材,开展抗旱减灾相关知识、技术、措施的培训;编制科普读物,普及抗旱减灾知识,开展相关政策法规宣传;加强烟水工程的管理,提升烟农参与维护防灾减灾工程的积极性,做好防灾减灾"最后一公里",促使烟水工程由粗放型管理向集约型管理转变,遵循"谁受益、谁管护,以水养水、节约用水、有偿使用、财政适当补助"的原则,制定切实可行的管护、监管制度、创新工程运行的管理模式。

7.2.2　工程与技术性措施

7.2.2.1　加强烟水工程建设,完善配套工程

虽然贵州省近年来在国家和有关水利部门的鼓励和支持下建设了许多大中小型水利工程,但是贵州属于典型的喀斯特地貌,由于地形的限制,建设大型的水利工程成本高,困难系数大。目前,多数为小中型水利工程,抗旱能力弱。再加上水利部门的重建轻管,有的烟农为了一己私利故意人为破坏,有些设备已经损坏。当遇到灾情时,烟水工程发挥不到真正有效的作用。因此,需加快水利工程建设,完善烟水配套设施。充分利用山泉、山洪及天然降水等水资源,修建塘坝、提灌站、蓄水池、水窖等储蓄设施,增强蓄水、提水和调水能力,提升烟草灌溉保证率。

以严重受旱县和主要受旱县为建设范围,根据地区水源具备的优势条件,加强小型水库、抗旱应急备用井、引调提水工程等抗旱应急水源工程建设。在不具备建设大中型水库工程条件的地区,建设小型水库工程,正常年景下小型水库工程按照常规的供水范围和供水任务进行供水,在干旱期通过转换供水对象,保障应急范围的应急供水任务;在地表水源抗旱工程匮乏,但地下水条件较好的地区建设抗旱应急备用井;在靠近江河且江河水资源量较丰富,调水、提水设施相对较缺乏的地区,建设引、调、提水工程,加强各类水源的调节互补,可有效提升区域抗旱应急供水能力。

7.2.2.2　加强干旱监测预报,提高预警能力

干旱主要受大尺度大气环流因素的影响。东北风的水汽输送为贵州带来高纬度地区的干冷空气,使贵州受下沉气流控制不易产生降水,而东南风的水汽输送为贵州带来热带地区的湿暖空气,为贵州出现持续性降水提供充足的水汽和能量。因此,应进一步重视气象预报,利用气象预报信息做好抗旱决策,减轻干旱灾害造成的损失。加强重点旱区土壤墒情监测站网建设,构建区域信息共享平台,及时掌握旱情发展动态;加强中长期天气预测预报工作,提高灾害预报的超前性、准确性;加快农村气象灾害预警信息发布系统建设,构建多渠道气象服务信息传播平台,着力解决信息发布“最后一公里”等瓶颈问题。利用互联网、GIS、云管理等先进技术加强监管各地区气象因素和土壤墒情的变化,加强气象、水文站点的监测,增加监测点的数据统计,提高监测精度,建立完善的监测体系,各地区形成数据共享机制。

在生产上,围绕烟草生长发育的具体需求,进一步提高针对关键生育期和具体生产活动的农业防灾减灾服务能力。干旱的发生可能会导致烟草出现病虫害现象,不同程度的病虫害或多或少都会影响烟草的产量与品质。因此,需开展关键农事活动气象预报和重大病虫害气象等级预报,提供病虫害气象服务,包括病虫害发生发展的气象等级、范围、时间、影响对象和防御措施等。定期发布农业气象服务产品,如土壤墒情监测公报、干旱监测公报、农业气象旬(周)报等。在烟草种植区,加强监测网络建设管理,任何单位和个人都不能私自侵占、破坏、移动监测设备,防止监测设备的正常运行,监测病虫害发生的时间、类型、范围、程度等基本要素,并对监测信息及时向上级部门汇报。

为了更好地管理灾害预警机制和病虫害应急响应处理机制,实行分级指挥管理,明确相关部门的责任和义务,每个人站好自己的一班岗,做到井然有序,不慌不乱。

7.2.3 农村(农业)防旱措施

7.2.3.1 加强田间水肥管理

水分是烟草生长发育重要的因素,不同的生长期对水分的敏感程度也不同。烟草对水分的敏感程度为伸根期最大、旺长期次之、成熟期最小。为防止水分胁迫影响烟草的产量及品质,田间管理措施必不可少。通过加强田间管理来改变水分胁迫下的烟草农艺性状,从而增强烟草的防旱能力,达到防灾减灾的目的。

1. 施肥

烟草对肥料的施用非常敏感。研究发现,烟草对营养元素的吸收量分别是钾素>氮素>钙素>镁素>磷素。烟草是喜钾作物,充足的钾肥供应不仅能促进烟株的光合作用,对烟株的物质代谢和能量代谢有着非常重要的作用,而且能提高烟草光合同化产物的合成与运输。在干旱胁迫下,增加钾肥的施用量,会提高烟草对钾素的吸收利用率,烟株的超氧化物歧化酶活性会提高7%~42%,可减轻烟叶细胞膜因干旱胁迫而产生过多的活性氧自由基的损伤,烟株体内出现水分胁迫的时间推迟,从而增强烟株的抗旱性。为了提高水肥利用率,利用水肥耦合技术,水钾耦合可提高钾肥的利用率。渗透胁迫下,施钾量越大,土壤中的钾向深层土壤运移量增加,而灌水促进了烟株对钾的吸收,提高了烟叶含钾量及产值,从而增强了烟草的渗透调节能力,增强了烟株的抗旱性。为了更好地提高烟叶的含钾量,选择沙壤土或壤土种植烟草更有意义。研究表明,优质烟区适宜的土壤类型为沙壤土至中壤土,以砂粒质壤土最好。土壤质地越黏重,烟叶的含钾量越低,烟叶含钾量与土壤粒径1~0.2 mm的土壤含量呈极显著正相关。除钾肥外,其余种类的化肥也可提高烟草抗逆性。磷素多分布在生长旺盛、富含核蛋白的新芽、根尖等部位,缺磷会严重影响烟叶的产量与质量,在磷含量较低的土壤中增施磷肥,可很好地促进烟草的生长。在施加磷肥的基础上,施加钙肥可增加烟草在逆境中叶片结构的稳定性,对提高烟株抗逆性有明显效果。施肥量可根据贵州不同烟区土壤肥力情况而定。

施用不同种类的肥料对烟草的抗逆性有一定明显效果,且肥料的不同形态和施肥方式的差异对烟草的产量和品质也有不同影响。不同的烟区,由于土壤类型的不同,施用适合形态的肥料,有利于烟草对养分的吸收。肥料的形态包括颗粒肥、粉状肥、水溶液肥。曾文龙研究发现,烟草的各部位含氮量为叶>根>茎,施用颗粒肥能够促进烟草根系对氮素的吸收,使烟叶的产量得到提升。从烟草烟株的吸氮量来看,颗粒肥处理>粉状肥处理>水溶液肥处理,不同形态的肥料施用处理对烟草钾素的吸收差异达到显著水平,表现形式和氮素吸收相同,但对磷素的吸收量没有太大的显著水平。可见,施用颗粒肥对烟草养分的吸收最好,能更好地促进烟株生长发育,但施用水溶液肥料对促进烟草前期的生长发育作用较明显,施用颗粒肥在后期作用较明显。

养分是烟草生长发育过程中必不可少的因素,施肥过多或过少都会降低烟草的产量和品质。烟草施肥包括基肥和追肥,选择合适的施用量和肥料种类,更有助于烟草生理生化反应,提高质量和经济指标,生产出上等优质的烟叶。史普西等通过试验发现:在烟草追肥时,增施不同钾肥量处理间,随着增施钾肥量的增加,各处理成熟期中部叶的叶绿素含量较当地常规施肥均有所提高,当施钾量为330 kg/hm² 时,烟草的农艺性状、经济性状和化学品质都较好。磷是植物进行光合作用、积累干物质所必需的营养元素,作为追肥施用,能缓解土壤磷素供应缓慢,促进烟株生理生长,有利于烟叶对氮磷钾营养元素的快速吸收和利用,从而提高产量。施用磷肥时,在适量的钾素配比下,更有利于烟叶对磷素的吸收。不同的基追比和追肥时间,使所产的烟草也有差异。刘建军等研究发现,在河南驻马店气候环境下,60%:40%的基追肥比例,在烟株移栽后 30 d 追肥,所产烟叶质量最佳。在大理烟区生态条件下,施用纯氮量 105 kg/hm²,基追肥比例为 30%:70%时,能很好地改善烟叶的评吸质量和化学协调性。对南方大多烟草地区来说,施用纯氮量 150 kg/hm²,基追肥比例为 50%:50%,能明显提高烟叶的产量和质量。在云南曲靖烟区,施用纯氮量 97.5 kg/hm²,基追肥比例 70%:30%,于烟草移栽后 25 d 追施钾肥能促进烟草正常生长,改善烟叶品质和经济性状。对重庆烟草而言,在一定施氮量范围内,磷和钾的比例适当提高,有利于烟草对养分的吸收,其各项经济性状、抗逆指标等都适度的增加,当氮磷钾的比例为 10:30:20 时,烟草有较好的抗逆性。可见,不同的气候条件、不同的土壤类型,烟草对养分的吸收各有差异。因此,为了节约成本,减少劳动力,且种植出上好、优质的烟叶,根据贵州特殊的地貌和气候条件,研究适宜贵州烟区肥料的基追比和追肥时间显得尤为重要。查阅资料可得:贵州烟区土壤养分综合状况较适宜,土壤速效氮含量为 154.4 mg/kg,速效磷含量为 18.2 mg/kg,速效钾含量为 150 mg/kg,属于氮钾高而磷低的土壤养分类型,适当减小氮钾比例,能使烟叶更好地吸收土壤中的氮钾养分,从而减少施肥成本并保护土壤环境。烟草施肥采用有机肥和无机肥相结合的方法,亩施纯氮 6 kg,基追比为 70%:30%,无机肥选用当地烟草专用基肥(N:P:K=1:1:2)和专用追肥,有机肥以油枯(纯 N 含量以 5%计算)为主,分别用普钙和硫酸钾补充磷和钾的不足部分。把专用基肥和油枯(施用前应充分发酵)用作基肥,在烟株移栽前 20 d 起垄一次性施用,施用量为:专用基肥(复合肥)50 kg/亩,钾肥 5 kg/亩,油枯 14 kg/亩。在烟株移栽后 25 d 将专用追肥利用多芯渗灌带以水溶肥的形式对烟草追肥一次,施用量为:专用追肥(复合肥)15 kg/亩,钾肥 3 kg/亩。

2. 覆盖措施和起垄方式

不同的覆盖措施和起垄方式对烟草的抗逆性及产量也具有明显效果。传统的田间覆膜种植虽有保温保水效果,但存在一定的负面效应。若作物全生育期不揭膜培土,会造成根系上移,根系早衰,易出现"高温逼熟"现象。而前期覆膜能提高地温,促进烟株生长发育,生长后期揭膜覆秸秆能增加土壤的通透性,减少土壤表面水分蒸发。地膜秸秆双覆盖这种新型覆盖措施具有明显的保水增肥效果,比单一秸秆覆盖产量提高 13%~15%。烟草发生干旱胁迫时,其丙二醛含量、游离脯氨酸含量、可溶性糖含量均增加。研究发现,旺长期秸秆覆盖处理的烟草丙二醛含量、游离脯氨酸含量、可溶性糖含量高于地膜处理,而旺长期后秸秆覆盖丙二醛含量、游离脯氨酸含量、可溶性糖含量比地膜覆盖处理低,这说明前膜后秸秆处理有抗旱作用。

起垄栽培能提高地温,增加土壤的透气性,使土壤微生物活性增强,"高垄+覆膜"能够提高烟草的产量和质量。在烟草整个生育期内,除垄沟除草中耕外,垄面处于免耕状态,避免和减少了田间作业的践踏和破坏,使土壤保持疏松状态,为烟草的生长发育提供良好的环境。不同的起垄方式和垄高对烟草产量和品质的影响不同。单行垄覆膜栽培,由于垄体较小,降水时,雨水直接顺着覆膜流向垄沟,隔绝了雨水进入垄体内,集水保水效果差,对烟草生长不利。双行垄栽培能增加土壤的集水能力和持水范围,但其覆膜面积较大,土壤通气蒸发受到限制,容易造成土壤墒情偏大,对烟草生长不利,故双行垄覆膜栽培时,应适当减少覆膜面积,缩小垄沟间距。另外,采用双行垄覆膜栽培方式,作物生育期可以免追肥,相对于追肥处理而言,烟叶产量和产值平均增加幅度分别为3%和4.6%,相对于单行垄地膜覆盖而言,烟叶产量和产值平均增加幅度分别为3.2%和3.8%,而且在相同施肥量情况下,烟草各项农艺性状相比其他栽培方式最佳。起垄的高度影响烟株对养分的吸收,垄越高,氮磷钾的积累量反而降低。贵州省土壤耕地层较薄,土壤理化性状较差,适宜的起垄高度有利于烟草前期发育土壤接纳和保留降水,从而改善土壤水分环境,而起垄过高不利于提高垄体内的土壤含水量,会抑制烟草正常的生长发育。研究表明,在辅以培土措施的基础上,起垄最佳适宜高度为30~35 cm,并且分为2次培土起垄,在土壤耕深20 cm时,第一次起垄30 cm,第二次培土起垄到35 cm,这种起垄方式有利于烟株的生长,烟株的各项农艺性状和经济指标明显优于一次成型的垄作方式,亩产量和亩产值分别比常规栽培方式增加10.26%和9.07%,但起垄高度在35 cm以上时,无论是培土1次还是2次,在有效叶和单叶重方面均会有下降的趋势。培土起垄能疏松土壤,增进土壤团粒结构的形成,团粒结构能协调有机质中的养分消耗和积累的矛盾,有利于养分释放和微生物活动,调节土壤水和空气的矛盾,为烟草根系的生长提供一个良好的自然环境,有助于烟草根系伸长。起垄种植改善了烟草的生长条件,从而改变了内在调控机制。起垄种植后,烟叶的叶片面积高于露地平播,叶绿素含量比露地平播高,叶片的抗氧化能力增强,超氧阴离子含量降低。较高的抗氧化能力和降低的超氧阴离子含量,延长了叶片的功能期,保证叶片有较高的合成能力和较强的抗逆性。垄的高度不同会导致烟草生长各项性能的差异,在烟草成熟期,30 cm的垄高农艺性状表现最佳,其次为20 cm垄高,40 cm垄高表现最差。因此,实际种植烟草时,为了实现高产质优,栽培技术上,应选择双行起垄前膜后秸秆覆盖方式,并且起垄的高度要适宜。

作物的田间覆膜和栽培技术,有效地提高了烟株的成活率,增加了烟草的抗逆性,提高了烟叶的产量。当烟草生育期遭遇强降雨发生洪涝灾害时,覆膜部分隔绝了雨水直接向烟草根部的运输,大部分雨水顺着垄沟流向沟渠进而流向储水设施或入渗到地下,灌溉水只能从垄沟两侧渗透到垄内烟草根部土壤中,防止平作种植因大水漫灌造成土壤板结,保护了土层结构,减少了洪涝灾害对烟草产生的影响,同时又储存了大量的雨水、补充了地下水,这些雨水和地下水可以用于旱期烟草的灌溉。当长时间不降雨,烟区没有储存的水量或储存的水量极度稀缺,没有能力满足烟草关键期的需水要求时,烟草将遭受一定程度的旱灾,起垄覆膜栽培方式会减少土壤表面水分的蒸发,保持土壤内部水分,达到一定的抗旱效果。对贵州烟区而言,在烟草移栽后30 d揭膜,同时垄沟垄体全覆秸秆7 500 kg/hm²,分两次培土起垄,使垄体高度达到30 cm左右,适宜的垄间距,可有效蓄积雨水,避免干旱威胁,提高烟叶产量。

3. 保水剂

贵州省虽然水资源丰富,但由于地势等原因,降水分布不均匀,导致部分烟区干旱缺水,阻碍了烟草正常生长发育。为了缓解旱情对烟草造成的影响,在烟草生育期可以使用抗旱保水剂,以此来减少因灾经济损失。保水剂是一种交联密度很低、不溶于水、高水膨胀性、吸水力强的高分子聚合物,也是土壤的良好胶结剂,能改善土壤结构、促进团粒的形成,有植物"微型水库"之称。它能迅速吸收并保持自身质量数百倍乃至数千倍的水分,达到蓄水保墒的效果,当土壤干旱缺水时,又可迅速释放出水分供作物吸收利用,而且可以提高肥料的利用效率,达到作物增产丰收的目的。同时,施入保水剂还可有效提高烟草的抗病性,减少病虫害。

保水剂能够调控土壤水分并改善土壤结构,它具有反复吸水的功能,营养型的抗旱保水剂具有保水和营养双重功能,吸水倍数为50~300,所吸水分能够被作物吸收利用,有利于烟草的生长发育,对作物抗旱起到一定作用。同时,它能够有效地改善作物根系水环境,提高土壤含水量和持水能力。黄占斌等研究表明,土壤中加入2%保水剂吸水饱和后所持水分至少90%可为植物所利用;土壤饱和后自然蒸发至恒重所需时间以0.1%保水剂处理的土壤需25 d,而不施加保水剂的土壤只需16 d。杨永辉等研究表明,在相同土壤吸水力下,随着保水剂用量的增加,土壤含水率相应增加;在相同含水率时,土壤水吸力随着保水剂用量的增大而增大。可见,土壤中施入保水剂,因其吸持和释放水分的涨缩性,可使土壤周围有紧实变疏松,从而一定程度改善土壤结构,调节土壤水、气、热状况。因此,土壤中施加保水剂,能够显著增加土壤含水率,抑制土壤水分蒸发,具有明显的抗旱成苗和稳产增产效应。随着施用量增加,抑制蒸发作用增强,保水剂颗粒大小对抑制水蒸发有一定的影响,颗粒小则抑制水分蒸发效果相对更好。

保水剂能够调控作物养分,通过吸附土壤或水体中的养分供作物吸收利用,起着保水保肥的作用。养分进入土壤后,以土壤溶液形式存在于土壤孔隙当中或以离子态吸附于土壤表面,保水剂可将溶于水中的化肥、农药等作物生长所需的营养物质固定其中,并且对土壤或肥料养分的吸附具有缓慢释放作用,可以减少可溶性养分的淋溶损失,使作物对养分的需求与土壤中的养分供给更加同步,提高水肥利用率,达到保水保肥的效果。杜建军等研究表明,土壤中施入保水剂后,尿素氨挥发量显著降低,并随着保水剂用量的增加效果更加明显,明显减少了氮磷钾养分的淋溶损失。黄占斌等研究表明,保水剂与尿素或磷肥混合使用,玉米对尿素和磷肥的利用率分别提高了18.72%和27.06%。保水剂和肥料的交互相应对作物光合特性产生一定影响。保水剂结合氮肥,可以提高不同阶段马铃薯叶片的光合速率,增加花期生物积累量46.7%~98.8%,延长茎叶生育期14~15 d,增加块茎产量75.0%~108.3%。在水分胁迫下,保水剂和肥料对苗木的光合生理有明显的主效应和交互效应,在水分充足时可提高施肥效益,保水剂和肥料的交互效应有利于提高光合速率,对苗木的生存期和生长量均有显著影响,表明保水剂与肥料的交互效应能提高苗木叶片的渗透调节能力,减轻苗木的干旱胁迫。保水剂和养分的相互作用,对作物生理生化产生影响。有研究显示:土壤保水剂与氮肥具有互作效应,在一定浓度的氮肥溶液中,保水剂吸水率较低。且随着溶液浓度的增加,吸水率降低的幅度增加,保水剂对溶液中NH_4^+和NO_3^-具有明显的吸附作用。土壤中施入的保水剂量越大,土壤团聚体含量越多,但当保水剂与肥料共同作用时,能降低土壤的团聚体含量,肥料施用量越多,土壤团聚体含量越低。故土壤中施入保水剂与肥料共同作用时,可以减少铵态氮的挥发,增加铵态氮储存量。

可见,土壤中施入保水剂,不仅能够改善土壤结构,还能通过调节养分来改变作物生理生化反应,使作物有一定的抗旱作用,达到增产丰收的效应。张东研究了保水剂在旱作烟草上的应用,结果表明,施用保水剂可以增加烟草叶片数,使其叶面积增大,有利于烟草的生长发育,单株根鲜重、根长、根数与施用保水剂的量呈正相关,保水剂能促进烟叶中蛋白质的合成,有利于烟叶吸收氮素,烟叶中总氮的量也因此有所增加,进而改善烟叶品质,且在烟叶质量中,中上等烟叶比例较大。保水剂的用量与对作物的抗旱及增产效应有关,研究结果表明,高剂量的保水剂会抑制烟株的生长,烟株的根系延伸区小,侧根生根少,而低剂量保水剂(1 kg/hm^2)处理促进了烟株的生长,有利于促进烟株根系对营养物质的吸收利用,为改善烟叶的品质提供了基础,施用保水剂提高了烟叶中的氮含量,为烟碱的形成打下了基础。保水剂用量因土壤类型、气候条件、作物种类的不同而异,有一个适宜的值或范围,低于这个适宜的值或范围,对作物的抗旱性和增产效果不显著,高于这个适宜的值或范围,会抑制作物根系的伸长,降低出苗率和成活率,对作物生长不利。

植物在遇到水分胁迫时,体内机制会自动产生调节能力来抵抗逆境,保证各项生理生化反应正常运行。高含量的可溶性糖可使细胞维持较低的渗透势,抵抗水分胁迫。在正常水分供应环境下,植物的游离脯氨酸含量很少,而在干旱胁迫下,其含量占总脯氨酸含量的3%以上。受到干旱胁迫时,游离脯氨酸的积累量增加,对植物的生命活动有一定的渗透调节能力,从而提高抗旱能力。游离脯氨酸的积累量越多,表明该植物的抗旱能力越强。当植物器官衰老或在逆境环境下受到伤害,其组织或器官膜脂质会发生过氧化反应,从而产生丙二酮,丙二酮含量反映了细胞膜脂过氧化程度和植物对逆境条件反应的强弱。在水分胁迫下,植物体内会产生大量的自由基破坏平衡机制,使膜脂发生过氧化反应,增加丙二酮的含量。叶绿素是烟叶进行光合作用的物质,当干旱胁迫时,烟叶气孔开度减小,光合速率降低,蒸腾蒸发速率提高,叶绿素含量降低,叶片衰老,烟叶发黄,影响烟叶外观质量。贵州省重旱易发,为帮助烟草生育期度过干旱期,减少质量损失,在烟草种植时,土壤中施入保水剂,烟叶中的游离脯氨酸含量、丙二酮含量都不同程度的降低,随着施入保水剂用量的增加,烟草叶片的游离脯氨酸含量、丙二酮含量均呈现先降后升的趋势;而各生育期烟草叶片相对含水量、叶绿素、可溶性糖、可溶性蛋白质含量随着保水剂用量的增加呈先上升后下降再上升趋势,与游离脯氨酸含量、丙二酮含量的变化趋势相反;烟株的根系活力随保水剂用量的增加呈上升趋势;当保水剂用量为 30 kg/hm^2 时,游离脯氨酸、丙二酮含量达到最小,叶片相对含水量、叶绿素、可溶性糖、可溶性蛋白质含量达到最大,烟株根系活力也最大,对烟草抗旱性最佳,更有利于烟株在干旱环境下的生长发育。保水剂施用量为 180 kg/hm^2 对山东淄博烟区烟草生长最有利;在豫西地区,保水剂用量为 30 kg/hm^2+秸秆覆盖时,烟草的各项农艺性状和经济指标最好;对贵州烟区来说,保水剂用量在 $37.5 \sim 45 \text{ kg/hm}^2$ 时,所产的烟叶产量最高,质量等级最优,效益最好。可见,不同地方的烟区,施入的保水剂用量不同,主要与烟草品种、土壤类型、气候环境的差异有关。根据贵州省特殊的山地气候条件,探索该地区不同烟区烟草种植最适宜的保水剂施用量,为烟草抵抗逆境、增产稳产提供帮助。

4. 巧灌追肥水

烟草作为典型的旱作经济作物,旺长期是需水关键期,也是旱灾易发期。采用起垄根系层间隔铺膜旱作物种植节水系统,垄沟底部设有节水结构,并含有补水结构,不仅可以降低成本,涝期多余的降水可以通过垄沟入渗到节水结构储存起来,设置防渗膜防止水分下渗土层,满足旱期烟草灌溉,在重干旱时,上部土层含水量较少,储水结构能释放水分来补充上部土层含水量,补水结构也发生作用,根系通过吸取地下水来缓解旱情的发生,不仅节水,还降低了由于前期水分过多,缓解后期干旱对烟草的影响。采用植物根系加通气砂包渗灌系统,可以有效解决旱涝发生时对烟草根系的不利影响,旱期时,水分供应不足,烟草根系得不到充足的水分,没有可供消耗的溶解氧,容易发生无氧呼吸,造成烂根现象,涝期时,烟草根系积水太多,也阻碍其生长。在植物根系的周围掩埋有与供水毛管连通的通气砂包,便于将空气中的氧气携带进水流中,能够增加水中的溶解氧,促进多余的水分消耗。在田间烟草水肥管理中,可采用插针式滴管,也可采用多芯渗灌系统及多芯渗灌带、增氧抗堵塞渗灌系统或具有储水功能的灌溉膜袋,来巧灌追肥水,实现水肥一体灌溉。

通过以上分析得出:养分是烟草生长发育必不可少的因素之一,烟草对肥料的敏感度很强,烟草田间施入化肥的种类、肥料的形态、肥料的用量,对烟草的养分吸收、抵抗逆境的能力有所影响。烟草在不同生育期内发生水分胁迫时,有时需要通过施入肥料来调节,根据烟草所表现出来的农艺性状,按照土壤肥力,施入适宜比例和数量的养分,来减缓逆境对烟草产量的影响。覆膜起垄技术起着保温保水作用。前膜后草比单一的地膜、秸秆覆盖抗旱效果好;分两次培土起垄,垄体高度在 30 cm 左右,适宜的垄间距,可有效避免洪涝灾害对烟草的威胁,提高烟叶产量。施入保水剂,能够提高土壤含水率,增加土层储水量,提高水分利用率,增强根系活力,促进干物质积累量,提高经济性状,减轻干旱胁迫,促进增产稳产。采用旱作物种植节水系统、植物根系加通气砂包渗灌系统、插针式滴管、多芯渗灌系统及多芯渗灌带、增氧抗堵塞渗灌系统或具有储水功能的灌溉膜袋,来巧灌追肥水,实现水肥一体灌溉,解决旱涝对烟草水分的冲突。综合上述各类田间水肥措施减灾原理,贵州烟草旱涝急转田间水肥管理防灾减灾模式定为"五元底肥+移栽保水剂+起垄覆膜秸秆双覆盖+巧灌追肥水"。其中,五元底肥为钾肥、氮肥、钙肥、镁肥和磷肥。

7.2.3.2　完善农业保险体系

受特殊的喀斯特地形地貌影响,以及近年来"厄尔尼诺"现象的连续发生,导致贵州烟区降水时空分配不均,易出现干旱灾害,使广大烟区的烟株难以实现对烟叶生长发育过程中科学合理的用水调配,对烟草的产量带来较大的影响,制约了贵州烟农的经济收入增加与生活水平提升。为了减轻烟农的经济损失,降低自然灾害等原因造成的风险,贵州省需要构建属于烟草地方特色农业保险。

农业保险是指农业生产者在农业遭受自然灾害、意外事故疫病、疾病等保险事故所造成的经济损失提供保障的一种保险。贵州省地方特色农业保险仅有烟草和茶叶两种,保障程度不能满足农业多样化的要求,而且在 2008~2012 年贵州农业保险的赔付率均超过60%,最高超过 180%,支出收入远超过保险业公认的农业保险 70%的损益平衡临界点,保险公司亏损严重,使其开展农业保险的积极性不高。另外,贵州烟农收入不高,风险意识较差,故购买农业保险的意愿不强。农业保险保费高、风险大,保险公司与烟农均不能独立承担,所以农业保险的推广需要政策扶持和财政补贴。为了降低保险公司和烟农的损失,更好地开展农业保险业务,可以采取"三三制"制度,即在国家政策支持下,由政府、烟草公司和烟农三个烟草获益主体分别按一定的比例(在烟叶生产经营的价值链中的价值分享的比例)进行出资,建立烟叶生产经营风险基金。当烟草生产过程中主要因遭受自然灾害影响其产量和烟农的经济收入时,保险公司需要对烟农进行一定的补贴,其补贴标准以烟农的收益不低于其机会成本、烟草公司的利润不为 0 为标准,且补贴制度需要公开透明。

当烟农没有能力或不愿投入保险时,烟草公司可以与烟农签署《交卖足量合格烟叶协议》后为烟农购买保险,逐步增加烟农的忧患和保险意识。贵州烟草生育期发生旱涝急转的频率和强度较大,种植烟草风险较高,有些烟农因顾及灾害对烟草造成巨大损失,从而改变种植模式,使烟草的产量大大降低。此时更应该向烟农普及保险意识,还应出台相关的政策,如每年的烟草种植面积和产量应保持基本稳定;在遇到自然灾害时,调整完善烟草最低价收购政策,保障烟农基本收益;加大对烟草种植大县或区的奖励制度,协助烟农滞销烟草。要加快创新财政促进金融支农方式,将产业政策、财政政策同金融政策结合使用,充分发挥农业保险对烟草产业的支持作用,提升农业风险保障水平,增加农业保险覆盖率。目前贵州地方特色农业保险品种达到 34 个,为了更好地提升烟草防灾减灾能力,根据贵州山地气候条件的特殊性,烟草的保险方案可以针对不同海拔种植地区,设计阶梯式的赔偿方案。

7.2.4　干旱应急对策

建立一套符合经济社会的发展且具有"灾前准备—紧急防御—灾后处理"的干旱应急预案,全面提升烤烟防灾减灾能力和综合管理水平。

7.2.4.1　准备工作

加强宣传,增强烟民预防干旱灾害和自我保护的意识,做好抗大旱的思想准备;建立健全抗旱组织指挥机构,落实抗旱责任人、抗旱队伍和干旱易发重点区域的监测网络及预警措施,加强抗旱服务组织的建设;按照分级负责的原则,储备必需的抗旱物料,合理配置等。同时,国务院农业农村主管部门应建立应急响应机制和处理机制,县级及以上人民政府农业农村主管部门负责制订旱情应对方案,提供专业技术性的服务。干旱的严重程度和范围,编制抗旱预案和应急响应,以主动应对不同等级的干旱灾害。

7.2.4.2　应急响应

当旱情即将发生时,做好"五项准备",分别是组织准备、工程准备、预案准备、物资准备和队伍准备,提出以行政首长负责制为主的抗旱责任制,要做好紧急防御工作,避免带来较大影响。

旱情一旦发生,立刻启动应急响应机制,赴灾区勘察灾情,成立综合应急指挥部和救灾领导小组,形成综合、技术、督查三个工作主体,解决抗旱救灾中的棘手问题,民政部门下发救助资金和物资,紧急采购群众应急物资,翻修和新建水利工程,扩大"烟水配套工程"建设,最大可能减少对烟草的影响和烟农的损失。根据实际情况在保障人民群众生命安全的前提下,灵活利用烟水工程供水。

当发生轻度干旱时:

(1)由厅领导小组办公室常务副主任主持会商,加强旱情监测工作,并将情况通报各成员单位和事发地市(州)、县(市、区)水务局。

(2)事发地市(州)、市(州)、县(市、区)水务局安排加强旱情监测,做好旱灾发展态势预报,具体安排旱灾防御工作;按照权限开展水工程调度,按照预案采取相应的旱灾防御措施;配合做好应急抢险工作。及时将工作开展情况报厅领导小组办公室。

(3)根据旱灾防御工作实际需要及时派出工作组或专家组赴一线指导旱灾防御工作,为应急抢险提供技术支撑。

当发生中等干旱时:

(1)由厅领导小组办公室主任主持会商,对加强旱情监测工作做出安排,并将情况报告厅领导小组,经厅领导小组同意后通报各成员单位和事发地市(州)、县(市、区)水务局并同时报送省防汛抗旱指挥部和水利部。

(2)事发地市(州)、市(州)、县(市、区)水务局安排加强旱情监测,做好旱灾发展态势预报,具体安排旱灾防御工作;按照权限开展水工程调度,按照预案采取相应的旱灾防御措施;配合做好应急抢险工作。及时将工作开展情况报厅领导小组办公室。

(3)应急响应启动后厅领导小组根据旱灾防御工作实际需要及时派出工作组或专家组赴一线指导旱灾防御工作,为应急抢险提供技术支撑。

当发生严重干旱时:

(1)由厅领导小组组长或委托副组长主持会商,对加强旱情监测工作做出安排,将情况通报各成员单位和事发地市(州)、县(市、区)水务局并同时报送省防汛抗旱指挥部和水利部。

(2)事发地市(州)、县(市、区)水务局安排部署加强旱情监测,做好旱灾发展态势预报,具体安排旱灾防御工作;按照权限开展水工程调度,按照预案采取相应的旱灾防御措施;配合做好应急抢险工作。事发地市(州)、县(市、区)水务局及时将工作开展情况报厅领导小组办公室。

(3)应急响应启动后48 h内厅领导小组派出工作组或专家组赴一线指导旱灾防御工作。

当发生特大干旱时:

(1)由厅领导小组组长或委托副组长主持会商,对加强旱情监测工作做出安排,将情况通报各成员单位和事发地市(州)、县(市、区)水务局并同时报送省防汛抗旱指挥部和水利部。

(2)事发地市(州)、县(市、区)水务局安排部署加强旱情监测,做好旱灾发展态势预报,具体安排旱灾防御工作;按照权限开展水工程调度,按照预案采取相应的旱灾防御措施;配合做好应急抢险工作。事发地市(州)、县(市、区)水务局及时将工作开展情况报厅领导小组办公室。

(3)应急响应启动后24 h内厅领导小组派出工作组或专家组赴一线指导旱灾防御工作,为应急抢险提供技术支撑。

在此干旱等级下,应因地制宜,根据水源条件尽力保障烟草生长关键期最基本用水。

同时,旱情发生后,县级及以上人民政府应立即启动应急响应机制,区级以上人民政府农业农村主管部门应对控制工作进行协调指导,乡镇人民政府协助上级部门做好应急工作,烟草种植单位和个人及时采取相应的措施减少旱情损失。

7.2.4.3　灾后处置

旱情结束后,按照属地原则,受灾区县级以上人民政府负责组织本地区的灾后处置。及时开展行政区内烟水工程基础设施因灾损毁情况统计上报,定期对干旱灾害成因、防御及应急处置工作进行认真总结分析,总结成功经验,查找存在问题,提出整改措施和建议,形成报告和案例。

7.2.5　典型区抗旱减灾能力提升对策

干旱灾害按照烟草的受旱面积与程度,可以分为轻度干旱、中度干旱、严重干旱和特大干旱四级,所对应的抗旱应急响应级别分别为Ⅳ级、Ⅲ级、Ⅱ级、Ⅰ级。由典型区旱情特点可知,烟草在生育期内不同等级干旱发生的频率各不相同,因此烟草在各个地区不同生育期内的抗旱减灾能力提升对策有所区别。

7.2.5.1　湄潭县抗旱减灾能力提升对策

由烟草生育期内不同等级干旱发生的频率可知,湄潭县在烟草旺长期和成熟期均较易发生中旱,旺长期和成熟期的中旱发生频率均达到58.33%,在中度干旱等级下,当烟水配套工程无水可用时,优先利用中小型水库供水,满足烟草基本用水需求,保障烟草生长不遭受大的影响。此外应当及时启动抗旱Ⅲ级应急响应,并采取下列措施:

(1)调度辖区内水库(水电站)、山塘等所蓄的水量。

(2)设置临时抽水泵站,开挖输水渠道或者临时在河道沟渠内截水。

(3)适时启用应急备用水源或者建设应急水源工程。

(4)组织向人畜饮水困难地区送水。

(5)使用再生水,组织实施人工增雨。

湄潭县4月上旬日均气温超过13 ℃,中旬超过15 ℃,5月底超过18 ℃,5月下旬至9月底日均气温20 ℃以上,7月上旬到8月中旬日均气温25 ℃以上。4月上旬降水开始明显增加,在烟草生长的4~9月前期雨水较为丰富,后期雨水较少。因此,湄潭地区应根据土壤墒情及时覆膜,采取地膜烟栽培,推行双行凹垄覆膜节水栽培技术,解决受季节性干旱的影响。

7.2.5.2　威宁县抗旱减灾能力提升对策

威宁县在烟草旺长期和成熟期除较易发生中旱以外,在烟草旺长期还较易发生轻旱,轻旱发生频率达到41.67%,在轻度干旱等级下,应当优先利用塘坝、水池、水窖等供水,保障烟草生长不遭受影响。此外,应当及时启动抗旱Ⅳ级应急响应,积极组织抗旱,监视旱情发展变化,合理利用水资源,实施人工增雨。威宁属高海拔地区,气温较低,日照较为丰富。整个烟草生育阶段气温均较低,4月下旬日均温超过13 ℃,6月上旬日均温超过15 ℃,6月下旬至9月初日均气温在16 ℃以上。4月至5月上旬,降水少,5月中旬至8月中旬,降水丰富,后期雨水适宜。4月至9月日照丰富。因此,威宁地区可考虑适当将烟草移栽期后移至5月1日至5月5日,增强烟草抗旱能力。当供水量不足时,可考虑适当减少伸根期供水,提升烟草水分利用效率,减少用水量。同时,全生育阶段均用地膜覆盖,栽种前期加强田间管理。威宁县现状抗旱应急水源工程的供水能力仅为25.78万

m³,因此应加强抗旱应急水源工程的建设。此外抗旱减灾能力较弱,可适当建设中小型水库等水利工程,增加总库容量。在地形坡度较大的地区,尽可能建设以多水源为主的输配水工程,合理进行水资源优化配置,保障供水安全,确保干旱发生时满足灌溉需求。

7.2.5.3　兴仁市抗旱减灾能力提升对策

兴仁市在烟草旺长期和成熟期除了较易发生中旱以外,在烟草旺长期还较易发生重旱,重旱发生频率达到41.67%,在严重干旱等级下,当中小型水库无水可用时,应利用大型水库供水,尽可能满足烟草基本用水需求,保障烟草生长关键期最基本用水需求。此外应当及时启动抗旱Ⅱ级应急响应,采取下列措施:

(1)压减供水指标。

(2)限制高耗水行业用水。

(3)限制排放工业污水。

(4)缩小农业供水范围或者减少农业供水量。

(5)开辟新水源,实施跨区域调水。

兴仁市4月上旬日均温超过15 ℃,5月底至9月上旬日均气温20 ℃以上,全年气温不高于25 ℃,最高气温22.29 ℃。4月中旬至5月上旬,降水少,5月中旬开始降雨明显增加。全面最大降水时期发生在烟叶旺长阶段,符合烟叶生长对光、温、水需求特征规律。因此,烟区应抓住4月中下旬降水过程及时覆膜保墒,采取地膜烟栽培。同时,兴仁地区烟草成熟期降雨较为丰富,在起垄时可选择拱形垄。

7.2.5.4　思南县抗旱减灾能力提升对策

思南县在烟草旺长期和成熟期较易发生的干旱类型分别为中旱和重旱,中旱和重旱的发生频率均达到75%,此时也应启动抗旱Ⅱ级应急响应。思南县属低海拔地区,气温偏高。4月上旬日均气温超过15 ℃,5月上旬至6月上旬日均气温20 ℃以上,6月底到9月初日均气温25 ℃以上,9月日均气温20 ℃以上。4月初开始降水明显增加,7月上旬前期降水较为丰富,后期降水明显较少。因此,思南地区可考虑前移烟草移栽期,注重苗床保温增温。同时,选用抗根茎性病害品种,减少根茎性病害的发生。思南县可以在轻旱条件下满足烟草最基本用水需求,但是以防后患,应对重度旱情及突发旱情,需要提前利用好水库等蓄水设施储水,进一步提高并扩大烟区滴灌等节水灌溉面积,提升灌溉水利用效率。

7.3　小　结

针对在实地调研过程中发现的烟田灌溉设施薄弱、烟水工程存在渠道漏水、蓄水池无法正常蓄水、渠道出现裂痕、渠底有杂草等问题,以及在识别典型区旱情特点和抗旱能力的基础上,制定贵州烟水工程抗旱减灾能力提升对策。从组织管理基础性措施、工程与技术性措施、农村(农业)防旱措施、干旱应急措施等方面,提出加强水源工程建设,提高供水保障程度;完善烟水配套设施,提升防灾减灾能力;优化烟草灌溉制度,提高农业用水效率;整合水土资源优势,科学规划烟草生产;加强烟草田间管理,提高土壤蓄水能力;提高工程管理水平,增强抵御旱灾能力的建议。

8 烟草抗旱减灾技术创新

针对烟草抗旱防灾减灾问题,提出了一系列烟草节水灌溉的发明专利,这些发明专利可有效削弱干旱对贵州烟草造成的不利影响并减少烟草因灾损失,为"十四五"期间提升贵州农业干旱灾害管理水平提供科技支撑。

8.1 具有储水功能的灌溉膜袋

具有储水功能的灌溉膜袋发明专利授权 ZL201510972514.8,见图 8-1。

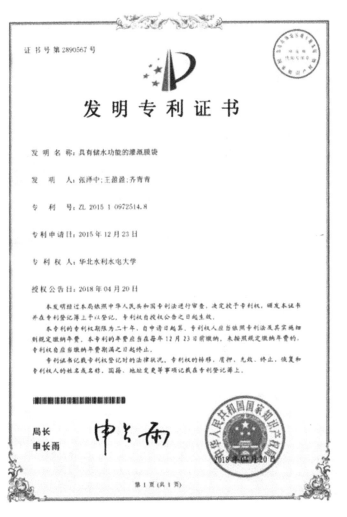

图 8-1 具有储水功能的灌溉膜袋发明专利证书

8.1.1　发明专利简介

目前,我国95%以上的农作物种植区仍采用地面灌溉作为主要灌溉方法,膜袋灌溉技术是最简单也最常见的一种地面灌溉方法;膜袋灌水技术的理念是"蓄水于袋",灌溉过程是通过膜袋两侧均匀分布的出水孔对土壤表面进行灌溉。膜袋灌溉虽然在平整的农田上能够保障进入土壤表层的灌溉水量和灌水深度相对均匀,使农作物根区水分入渗保持较好的均一性,起到改善田间灌溉的效果,但是我国绝大部分农田存在平整度差的缺点,在对存在斜坡地形的农田进行灌溉时管内水流在坡顶滞留时间较短,容易出现坡底壅水问题,很大程度上影响了灌溉效果。

本发明涉及一种具有储水功能的灌溉膜袋,膜袋为薄壁软管,膜袋前端为敞口,其末端为压实口;膜袋侧壁上设有出水孔,设置在同一膜袋截面上的数个出水孔形成出水孔组;膜袋内壁设有与其截面方向相互平行的扇形挡板,出水孔对应分布在扇形挡板上端面所属平面的上下两侧;经改进的膜袋使每两个挡板之间能够保证满足的水量,通过挡板蓄水可以改善由于田面土地不平整造成的田间壅水现象,从而保证膜袋灌溉装置的灌水均匀性。

8.1.2　发明内容

为了解决上述问题,提供一种针对斜坡地形保持灌溉水长时间驻留的新型灌溉用具,本发明设计了一种具有储水功能的灌溉膜袋。

本发明的具体技术内容为:一种具有储水功能的灌溉膜袋,膜袋为薄壁软管,膜袋前端为敞口,其末端为压实口;膜袋侧壁上设有出水孔,设置在同一膜袋截面上的数个出水孔形成出水孔组,若干个出水孔组等距离分布在膜袋侧壁上形成膜袋出水机构;膜袋内壁设有与其截面方向相互平行的扇形挡板,所述挡板设置在相邻两出水孔组中间位置;出水孔对应分布在扇形挡板上端面所属平面的上下两侧。具体如图8-2、图8-3所示。

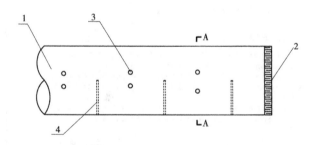

1—膜袋;2—压实口;3—出水孔;4—挡板。

图 8-2　本发明结构简图

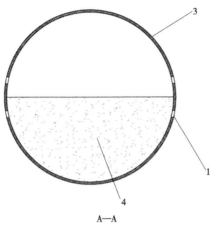

A—A

1—膜袋;3—出水孔;4—挡板。

图 8-3 A—A 向截面图

8.2 多芯渗灌系统与多芯渗灌带

多芯渗灌系统与多芯渗灌带发明专利授权 ZL201710247208.7,见图 8-4。

图 8-4 多芯渗灌系统与多芯渗灌带发明专利

8.2.1　发明专利简介

节水灌溉是我国农业发展的必然趋势。为进一步加速水肥一体化技术推广与应用,国家出台了一系列好政策,农业部《推进水肥一体化实施方案(2016~2020年)》提出在东北、西北、华北、西南、设施农业和果园六大区域,以玉米、小麦、马铃薯、棉花、蔬菜、果树六大作物为重点,推广水肥一体化技术。到2020年水肥一体化技术推广面积达到1.5亿亩,新增8000万亩。2017年中央一号文件,明确提出要大力普及喷灌、滴灌和渗灌等节水灌溉技术,加大水肥一体化等农艺节水推广力度,"十三五"时期水肥一体化全面发力。

渗灌是继喷灌、滴灌之后的又一节水灌溉技术,它起源于地下浸润灌溉,是当今世界最先进的农业节水灌溉技术之一,更是水肥一体化主要灌水技术之一。渗灌是一种地下微灌形式,这一灌溉方法是以低压管道输水,再通过埋于作物根系活动层的灌水器(微孔渗灌管),根据作物的生长需水量定时定量地向土壤中渗水供给作物。因此,渗灌可以看作是滴灌的一种特殊形式,又被称为地下滴灌。与其他灌溉技术相比,渗灌技术具有节水、省地、省工、低能耗等优点,成为节水灌溉技术中的主要措施。

现有渗灌技术普遍存在的问题是位于渗灌输出的末端各支管很容易出现堵塞问题,在每次停机的瞬间,管路会形成反向倒吸问题,反向倒吸形成的负压会造成支管的渗流口泥浆被吸入支管内,干燥后造成支管的渗流口堵塞,影响进一步使用。而且现有渗灌领域中采用的支管渗灌方式,属于多点渗灌,仍然存在渗灌不均匀不重复问题。在实际情况下,由于灌溉用水的硬度达不到标准,现有普通用的渗灌支管因微生物的滋长也容易引发拥堵,引起流量的变化,导致出水量不均匀,甚至堵塞,造成灌溉质量降低。

本发明公开了一种多芯渗灌系统及多芯渗灌带,包括下弧形板和上拱板,两者之间相扣固定在一起,在两者对接的边缘形成渗流缝,在两者之间形成拱形内腔,在拱形内腔中填充有纤维层。本发明利用下弧形板和上拱板形成过水通道,再利用纤维层进行含水和导流,能够在渗灌末端将水流变为缓慢渗透,具有渗灌均匀充分的,能够防倒吸及稳流水压的功能,解决渗灌管路中产生负压而吸入杂物堵塞管路的问题,从而提高渗灌效果,适合大面积推广应用。其结构合理,成本低,使用效果好,适合推广应用。

8.2.2　发明内容

本发明针对目前现有管道灌溉系统中渗灌输出末端的各支管会受反向倒吸压力影响容易灌入泥浆造成堵塞问题,提供一种多芯渗灌系统及多芯渗灌带。

本发明采用的技术方案:一种多芯渗灌带,包括下弧形板(带)和上拱板(带),两者之间相扣固定为一体,在两者对接的边缘形成长条渗流缝,在两者之间形成拱形内腔,在拱内腔中填充有纤维层。具体如图8-5~图8-9所示。图中:标号1—蓄水池;2—粗滤装置;3—过滤器;4—阀门;5—主管;6—异径三通;7—限流阀;8—多芯渗灌带;81—下弧形板;81'—下弧形带;82—上拱板;82'—上拱带;83—细纤维层;84—定位插孔;85—支撑插头;86—渗流缝;87—粗纤维层;88—对接套头;89—固定带;9—支管。

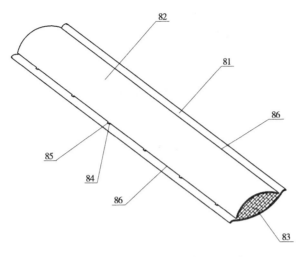

图 8-5   本发明多芯渗灌带的结构示意图

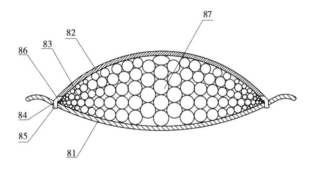

图 8-6   剖面结构示意图之一

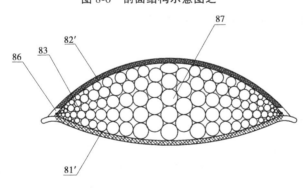

图 8-7   剖面结构示意图之二

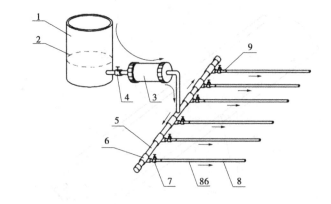

图 8-8　本发明多芯渗灌系统的示意图

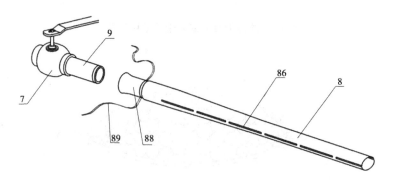

图 8-9　支管与多芯渗灌带对接的一种结构示意图

8.3　增氧抗堵塞渗灌系统和抗堵塞渗灌结构

增氧抗堵塞渗灌系统和抗堵塞渗灌结构发明专利授权 ZL201710247197.2，见图 8-10。

8.3.1　发明专利简介

节水灌溉是我国农业发展必然趋势。为进一步加速水肥一体化技术推广与应用，国家出台了一系列好政策，农业部在《推进水肥一体化实施方案（2016~2020 年）》中提出在东北、西北、华北、西南、设施农业和果园六大区域，推广水肥一体化技术。到 2020 年水肥一体化技术推广面积达到 1.5 亿亩，新增 8 000 万亩。2017 年中央一号文件，明确提出要大力普及喷灌、滴灌和渗灌等节水灌溉技术，加大水肥一体化等农艺节水推广力度，"十三五"时期水肥一体化将全面发力。

渗灌是继喷灌、滴灌之后的又一节水灌溉技术，它起源于地下浸润灌溉，是当今世界最先进的农业节水灌溉技术之一，更是水肥一体化主要灌水技术之一。渗灌是一种地下微灌形式，这一灌溉方法是以低压管道输水，再通过埋于作物根系活动层的灌水器（微孔渗灌管），根据作物的生长需水量定时定量地向土壤中渗水供给作物。因此，渗灌可以看

图 8-10　增氧抗堵塞渗灌系统和抗堵塞渗灌结构发明专利

作是滴灌的一种特殊形式,又被称为地下滴灌。与其他灌溉技术相比,渗灌技术具有节水、省地、省工、低能耗等优点,成为节水灌溉技术中的主要措施。

渗灌技术虽具有上述优点,但至今仍没有大面积推广使用,其主要原因是渗灌本身还存在一些缺点,在实际情况下,由于灌溉用水的硬度达不到标准和微生物的滋长容易引发堵塞,并引起流量的变化,导致出水量不均匀,甚至堵塞,造成灌溉质量降低。

现有的渗灌装置通常不具备防倒吸及稳流水压的功能,常常因为渗灌管路中产生负压而吸入杂物堵塞管路,同时当水流压力不稳定时,不能对水流进行有效的稳压,从而影响渗灌技术的大面积推广应用。

本发明公开了一种增氧抗堵塞渗灌系统,蓄水池内的储水通过过滤装置后依次经过主管及多根支管向地层内渗灌,每根支管分别设置渗流孔,各渗流孔的上游侧壁设置有逐渐向后倾斜的导流面,各渗流孔的下游侧壁设置有逐渐向前倾斜的弹性瓣膜,弹性瓣膜的长度大于导流面的长度。本发明支管具有水压时,水压使弹性瓣膜前后翻转,从而使渗流孔打开。停机瞬间,弹性瓣膜能够紧贴在导流面边缘,使渗流孔完全密封,能够防止泥浆进入支管内造成堵塞的情况发生。负压平衡气阀补气过程可以补充根区空气,具有根区增氧效果。

8.3.2　发明内容

本发明针对目前管道灌溉系统存在支管受反向压力影响容易灌入泥水造成堵塞问题,以及增氧不佳的问题,提供一种增氧抗堵塞渗灌系统和抗堵塞渗灌结构。

本发明采用的技术方案:一种增氧抗堵塞渗灌系统,蓄水池内的储水通过过滤装置后依次经过主管及多根支管向地层内渗灌,每根支管分别设置渗流孔,以及在相关管路上设置阀门,每根支管的各渗流孔的上游侧壁设置逐渐向后倾斜的导流面,各渗流孔的下游侧壁设置逐渐向前倾斜的弹性瓣膜,所述弹性瓣膜的长度大于导流面的长度,而且弹性瓣膜与导流面在自然状态能够完全密封各渗流孔;另外,在所述各支管的末端设置进排气管,各进排气管的管口高度高于地面;同时,将与主管连通的进水管向上设置负压进气管,该负压进气管安装有负压平衡气阀,负压进气管的管口设置负压进气罩。具体如图 8-11 ~图 8-16 所示。图中标号 1—蓄水池;2—粗滤装置;3—过滤器;4—阀门;5—主管;6—异径三通;7—限流阀;8—支管;9—渗流孔;10—进排气管;11—负压进气罩;12—负压进气管;13—负压平衡气阀;14—导流面;15—弹性瓣膜;16—过滤层。

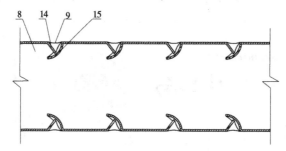

图 8-11　渗灌支管在非渗灌状态的支管剖面结构示意图

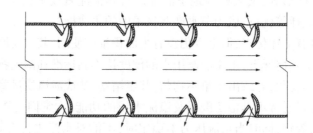

图 8-12　渗灌支管在渗灌状态的支管剖面结构示意图

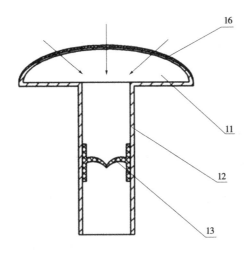

图 8-13 负压平衡机构的剖面结构示意图

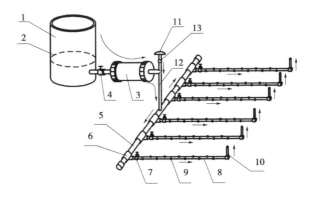

图 8-14 本发明开机渗灌过程示意图

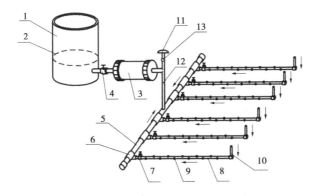

图 8-15 本发明停机抗堵塞过程示意图

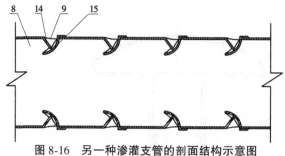

图 8-16　另一种渗灌支管的剖面结构示意图

8.4　植物根系加通气砂包渗灌系统

植物根系加通气砂包渗灌系统发明专利授权 ZL 2018 1 0939864.8,见图 8-17。

图 8-17　植物根系加通气砂包渗灌系统发明专利

8.4.1 发明专利简介

植物在生长过程中,植物根系也需要进行呼吸,由于根系埋在地下,所以根系所需的氧气主要从水中获取(溶解氧)。但是,正常灌溉水中的溶解氧量有限,很快会被消耗,溶解氧消耗殆尽导致根系进行无氧呼吸,无氧呼吸产生的酒精对幼根有很强的毒害作用,无氧呼吸强的话,产生的酒精导致根部细胞死亡,即出现烂根现象。

为了避免烂根,应保证水中有充足的溶解氧。当前的方法主要是通过提高土壤中水消耗速率和增加浇水次数,来增加换水的频率,使根系能够不间断地获取含氧水,但是这种现象会导致浇水过量,造成根系积水,对植物的生长同样不利,需要将根系的积水及时排掉,这就对土壤的排水性和环境的通风性要求较高,要求土壤排水性好,使多余水及时排出,环境通风好,使水消耗加快。

本发明涉及植物根部灌溉技术领域,具体涉及一种植物根系加通气砂包渗灌系统,包括供水毛管、环形支管和通气砂包,通气砂包的掺气室的入水口与环形支管连通,掺气室内设置有掺气叶片,掺气室上端还连接有通气管,所述渗水室包括粗砂层、中砂层和细砂层,粗砂层与中砂层之间通过第一砂网隔开,中砂层和细砂层之间通过第二砂网隔开,细砂层外设置有第三砂网,所述第一砂网的网孔直径小于中砂层的砂粒直径,第二砂网、第三砂网的网孔直径均小于细砂层的砂粒直径,本发明能够将空气中的氧气携带进水流中,增加水中的溶解氧,并且可根据土壤中的水分含量来自动控制供水毛管的水流流速。

8.4.2 发明内容

针对当前的植物根系灌溉装置存在的缺陷和问题,本发明提供一种植物根系加通气砂包渗灌系统。

本发明解决其技术问题所采用的方案是:一种植物根系加通气砂包渗灌系统,包括供水毛管、环形支管和设置于环形支管上的通气砂包,所述通气砂包包括掺气室和渗水室,掺气室的入水口与支管连通,所述掺气室内设置有掺气叶片,掺气叶片的转动方向与水流一致,掺气室上端还连通有通气管,所述渗水室包括粗砂层、中砂层和细砂层,掺气室后端的出水孔与粗砂层连通,粗砂层与中砂层之间通过第一砂网隔开,中砂层和细砂层之间通过第二砂网隔开,细砂层外设置有第三砂网,所述第一砂网的网孔直径小于中砂层的砂粒直径,所述第二砂网、第三砂网的网孔直径均小于细砂层的砂粒直径。具体如图8-18~图8-20所示。图中:1—供水毛管;2—环形支管;3—通气砂包;31—掺气室;32—渗水室;4—入水口;5—出水孔;6—掺气叶片;7—通气管;8—粗砂层;9—中砂层;10—细砂层;11—第一砂网;12—第二砂网;13—第三砂网;14—滤网;15—对接套管;16—环槽;17—固定带。

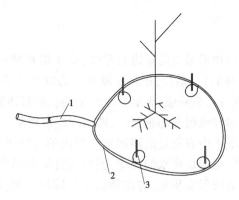

图 8-18 本发明的整体结构示意图

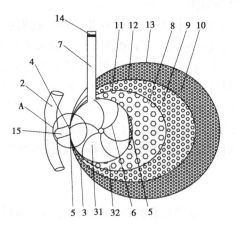

图 8-19 通气砂包的剖视图

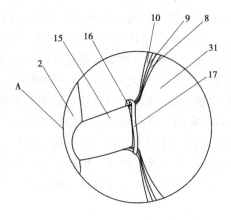

图 8-20 A 处的结构放大示意图

8.5 小 结

为了提高烟草生育期水分利用率,减轻干旱对烟草产量与品质的负面影响,提出了一系列烟草节水灌溉的发明专利。具有储水功能的灌溉膜袋、多芯渗灌系统与多芯渗灌带、增氧抗堵塞渗灌系统和抗堵塞渗灌结构、植物根系加通气砂包渗灌系统等发明专利技术,实现水肥一体化,增加植物根系通气性,这些发明专利可有效地削弱干旱对贵州烟草造成的不利影响,减少烟草因灾损失,为"十四五"提升贵州农业干旱灾害管理水平提供科技支撑。

9　结论与建议

9.1　结　论

　　研究对于变化环境下贵州烟水工程抗旱减灾能力进行评估,并提出提升对策。主要研究结论如下:

　　(1)近25年来,贵州大部分地区在烟草全生育期干旱程度呈上升趋势,干旱发生频繁的区域范围由伸根期至旺长期到成熟期依次增大,有必要建设烟水工程以保证烟草产量与质量。烟草不同生育期水分亏缺率对应的干旱等级分别为:

　　全生育期缺水率为 $X \leqslant 15\%$ 、$15\% < X \leqslant 35\%$ 、$35\% < X \leqslant 55\%$ 、$X > 55\%$ 时,分别发生轻、中、重、严重干旱,对应的减产率分别为 $Y \leqslant 10\%$ 、$10\% < Y \leqslant 20\%$ 、$20\% < Y \leqslant 30\%$ 、$Y > 30\%$;

　　旺长期缺水率为 $X \leqslant 35\%$ 、$35\% < X \leqslant 70\%$ 、$X > 70\%$ 时,分别发生轻、中、重旱,对应的减产率为 $Y \leqslant 10\%$ 、$10\% < Y \leqslant 20\%$ 、$20\% < Y \leqslant 30\%$;

　　成熟期缺水率为 $X \leqslant 35\%$ 、$35\% < X \leqslant 75\%$ 、$X > 75\%$ 时,分别发生轻、中、重旱,对应的减产率为 $Y \leqslant 10\%$ 、$10\% < Y \leqslant 20\%$ 、$20\% < Y \leqslant 30\%$ 。

　　(2)旺长期受旱是影响株高和叶面积发育的主要因素,随受旱时间增加株高和叶面积发育逐渐降低;旺长期受旱可导致烤烟有效产量下降。旺长期和成熟期受旱对烤烟化学成分的影响均表现为还原糖含量下降,总氮和烟碱含量升高,对钾和氯的含量影响不明显。伸根期轻度缺水不仅可以提高烟草水分利用效率,而且可提高作物烟草的抗旱能力。

　　(3)烟水工程在一定程度上缓解了贵州省烟草干旱,但是烟水工程与烟草干旱间匹配关系仍有待提升。黔西南、黔南、安顺、六盘水、贵阳烟水工程与烟草干旱匹配度较差,毕节、黔东南、铜仁、遵义烟水工程与烟草干旱匹配度差。不同生育阶段中,伸根期匹配度最好,旺长期次之,成熟期匹配度最低。

　　(4)湄潭、威宁、兴仁、思南四个典型区烟水工程平均减灾能力分别为 0.68、0.70、0.75、0.66;在 2006~2017 年因烟水工程减少的损失为 8 218.29 t、25 031.22 t、8 204.20 t、6 417.79 t,在 2006~2017 年因烟水工程发挥减灾效益而产生的经济损失分别为 15 130.32 万元、45 419.31 万元、14 591.00 万元、10 671.44 万元。湄潭、威宁、兴仁、思南四个典型区烟草种植合理面积分别为 0.64 万亩、9.39 万亩、3.85 万亩、1.25 万亩。在此种植面积下,各典型区可应对中旱级别干旱。

　　(5)从组织管理方面、工程技术方面、农村农业防旱方面、干旱应急方面,提出建立有效的防旱抗旱指挥体系、加强宣传引导、加快建设水利工程、加强干旱监测预报、加强田间水肥管理等方面增强抗旱减灾能力等措施,来确保贵州省烟草稳产高产。

9.2　建　议

本书利用贵州典型区烟草生育期内气象资料、烟草产量、烟草灌溉试验资料、烟水工程可供水量等资料,尝试建立贵州烟草减灾效益评估模型。而造成烟草产量损失的影响因子较多,如烟草品种、种植区域、肥力条件、病虫害、其他灾害等,因此要完全定量的评估烟草旱灾灾损有一定的难度。此外,仅采用了贵州省灌溉试验中心站的烟草灌溉试验资料,因此本书还存在一些不足之处:

(1)本书中以烟草各生育期缺水率为灾损评估指标,分析不同生育期缺水率所对应的干旱等级和减产率,尽管这一指标的选取考虑到了降水的有效利用,运用彭曼公式计算的烟草需水量,考虑到了诸多气象因子,并且得到的结果服从正态分布,也比较符合实际,具有很强的现实意义,但烟草产量的形成还与其他诸多因素紧密相关,如涝灾、水肥条件、田间管理措施、干旱引发的次生虫害等,要想完全分离出因干旱造成的烟草产量损失,具有一定的难度。

(2)本书中的烟草产量灾损评估模型以烟草生育期来划分的时间尺度较大,分析得到的烟草灾损评估模型较为粗放,只能在整个烟草生育期结束后才能评估,时效性差,不利于烟草部门掌握当年烟草长势和灾损情况,研究所得模型与实际生产仍有一定差距。

针对本书存在的不足,建议今后从以下两个方面开展研究:

(1)加强不同水分胁迫下烟草灌溉试验研究,尽可能排除其他影响因子干扰,研究烟草不同生育期水分亏缺率与烟草产量损失之间的关系,建立更为精确的烟草灾损评估模型。

(2)考虑到现有的农业气象信息发布多以旬或候为尺度,因此在今后的工作中应缩小时间尺度,建立更为精准的烟草动态灾损评估模型,该模型与遥感技术融合,监测烟草缺水状况,精准估算烟水工程可供水量,合理灌溉,从而达到科学防灾减灾的目的。

参 考 文 献

[1] 邓晓红,毕坤. 贵州省喀斯特地貌分布面积及分布特征分析[J]. 贵州地质,2004(3):191-193,177.

[2] 刘力华,徐建新,雷宏军,等. 贵州省农业干旱灾害风险区划研究[J]. 灌溉排水学报,2016,35(2):44-49.

[3] 池再香,杜正静,陈忠明,等. 2009—2010 年贵州秋、冬、春季干旱气象要素与环流特征分析[J]. 高原气象,2012,31(1):176-184.

[4] 王兴菊,白慧,周文钰,等. 贵州省 2011 年与 2013 年 7—8 月干旱对比分析及对农业的影响[J]. 天津农业科学,2014,20(11):118-124.

[5] 吴哲红,周文钰,张东海. 2013 年贵州省严重夏旱分析评估[J]. 贵州气象,2014,38(4):39-42.

[6] 尹晗. 中国西南地区干旱气候特征及 2009~2012 年干旱分析[D]. 兰州:兰州大学,2013.

[7] 夏阳,严小冬,龙园,等. GEV 指数表征的贵州夏旱分布特征及干旱事件的异常环流特征[J]. 云南大学学报(自然科学版),2017,39(2):252-264.

[8] 张金凤,冯杰,何棋胜. 基于 CI 指数的贵州省干旱时空变化规律研究[J]. 水电能源科学,2014,32(4):4-8.

[9] 白慧,吴战平,龙俐,等. 基于标准化前期降水指数的气象干旱指标在贵州的适用性分析[J]. 云南大学学报(自然科学版),2013,35(5):661-668.

[10] 徐建新,陈学凯,黄鑫,等. 贵州省近 50 年降水量时空分布及变化特征[J]. 水电能源科学,2015,33(2).

[11] 陈学凯,雷宏军,徐建新,等. 气候变化背景下贵州省农作物长期干旱时空变化规律[J]. 自然资源学报,2015,30(10):1375-1384.

[12] 陈学凯. 贵州省多时间尺度气象干旱时空变化特征研究[D]. 郑州:华北水利水电大学,2016.

[13] 徐德智,张杰,杨帆,等. 基于 SPI 的黔东南州近 52a 的干旱特征分析[J]. 贵州气象,2015,39(1):9-13.

[14] 王飞,张泽中,徐建新. 多元集对分析在贵州干旱预警中的应用[J]. 数学的实践与认识,2015,45(18):199-206.

[15] 王备,高文明,龙俐. 黔西南州越冬作物生长季气象干旱特征分析[J]. 贵州气象,2011,35(1):18-20.

[16] 张帅,谷晓平,于飞. 喀斯特山区干旱对玉米影响评估[J]. 广东农业科学,2012,39(21):22-26.

[17] 宋艳玲,蔡雯悦,柳艳菊,等. 我国西南地区干旱变化及对贵州水稻产量影响[J]. 应用气象学报,2014,25(5):550-558.

[18] 韩锦峰,汪耀富,张新堂. 土壤水分对烤烟根系发育和根系活力的影响[J]. 中国烟草,1992(3):14-17.

[19] 于建军,汪耀富. 干旱胁迫对烤烟干物质积累和产量品质的影响[J]. 烟草科技,1993(6):30-33.

[20] 汪耀富,闫栓年,于建军. 土壤干旱对烤烟生长的影响及机理研究[J]. 河南农业大学学报,1994,28(3):250-255.

[21] 阿吉艾克拜尔,邵孝侯,钟华,等. 调亏灌溉及其对烟草生长发育的影响[J]. 河海大学学报(自然科学版),2006,34(29):171-174.

［22］伍贤进. 土壤水分对烤烟产量和品质的影响［J］. 农业与技术,1998,18(4):3-7.

［23］MALVE, S. H., P. RAO, AND A. DHAKE, Evaluation of water production function and optimization of water for winter wheat (Triticum Aestivum L.) under drip irrigation ［J］. Ecology Environment & Conservation,2017. 23(1): 417-425.

［24］云文丽,侯琼,李建军,等. 基于作物系数与水分生产函数的向日葵产量预测［J］. 应用气象学报,2015. 26(6):705-713.

［25］STEWART, J. I., et al., Optimizing crop production through control of water and salinity levels in the soil ［C］, in Research Centers. 1977. p. 67.

［26］MARIJN, V. D. V. et al., Assessing crop-specific impacts of extremely wet (2007) and dry (2003) conditions in France on regional maize and wheat yields ［C］. in EGU General Assembly Conference. 2010.

［27］HILER, E. A., R. N. CLARK, Stress day index to characterize effects of water stress on crop yields ［J］. Amer Soc Agr Eng Trans Asae, 1971. 14(4): 0757-0761.

［28］ALLEN, R. G., et al., Crop evapotranspiration: Guidelines for computing crop water requirements ［J］. Irrigation and Drainage, 1998. 56: 300.

［29］康绍忠,蔡焕杰. 农业水管理学［M］. 北京:中国农业出版社, 1996:101-117.

［30］HOWELL, T. A., E. A. HILER, Optimization of water use efficiency under high frequency irrigation. I. Evapotranspiration and yield relationship ［J］. Trans Asae Gen Ed Am Soc Agric Eng, 1975. 18(5): 0873-0878.

［31］RAO, N. H., P. B. S. SARMA, S. CHANDER, A simple dated water-production function for use in irrigated agriculture ［J］. Agricultural Water Management, 1988. 13(1): 25-32.

［32］RAJPUT, G. S., J. SINGH, Water production functions for wheat under different environmental conditions ［J］. Agricultural Water Management, 1986. 11: 319-332.

［33］JENSEN, M. E., et al., Water consumption by agricultural plants ［J］. Plant Water Consumption & Response, 1968.

［34］Hoyt. P. G. Crop-water production functions and economic implications for the Texas High Plains region. Econmic research service,1982,4-30.

［35］DeJuan,J. A, Tarjuelo,J,M,ValienteM,et al. Model for Optimal cropping Patterns within the Farm based on crop water Production functions and irrigation uniformity I: Development of a decision model. Agricultural water Management,1996,31:115-143.

［36］付强,王立坤,门宝辉,等.三江平原井灌水稻水分生产函数模型及敏感指数变化规律研究［J］. 节水灌溉,2002(4):1-3,42-46.

［37］郭相平,朱成立.考虑水分胁迫后效应的作物水模型［J］.水科学进展,2004(4):463-466.

［38］杨路华,夏辉,王富庆,等.非充分灌溉制度制定过程中 Jensen 模型的求解与应用［J］.灌溉排水,2002(4):13-15.

［39］王仰仁,周青云,解爱国,等.时段划分对冬小麦作物水模型影响的研究［J］.灌溉排水学报,2010,29(5):6-10.

［40］康西言,李春强,马辉杰,等.基于作物水分生产函数的冬小麦干旱评估模型［J］.中国农学通报,2011,27(8):274-279.

［41］王喜芹,左建军,刘婷婷,等.基于 SPSS 软件对作物水分生产函数的计算［J］.现代农业科技,2013(11):230,233.

［42］Seed R B, Bea R G, Abdelmalak R I, et al. Investigation of the Performance of the New Orleans Flood

Protection System in Hurricane Katrina on August 29, 2005：Volume 2[J]. Independent Levee Investigation Team Final Report，2006.

[43] Seed H B, Lee K L, Idriss I M, et al. The slides in the San Fernando Dams during the earthquake of February 9, 1971[J]. Journal of the Geotechnical Engineering Division, 1975,101(7)：651-688.

[44] MICHAEL HUBER. Reforming the UK flood insurance regime the breakdown of a gentlemen's agreement [M]. London：the Centre for Analysis of Risk and Regulation,2004.

[45] Marco Gemmer, Tong Jiang, Buda Su, et al. Seasonal precipitation changes in the wet season and their influence on flood/drought hazards in the Yangtze River Basin, China[J]. Science Direct,2008,186：12-21.

[46] Russell C S. Losses from natural hazards[J]. Land Economics,1970,46(4)：383-393.

[47] Yasuhide Okuyama. Economics of Natural Disasters：A Critical Review[M]. The 50th North American Meeting,Regional Science Association Internatinal,2003,(12)：3-7.

[48] 中华人民共和国中央人民政府. 国家综合防灾减灾规划(2016—2020 年)[Z]. 2016-12-29.

[49] 谢永刚,周长生,王建丽. 中国近 20 年水利减灾投入对种植业产值的贡献[J]. 自然灾害学报, 2013(4)：120-127.

[50] 刘宁. 中国农业防减灾投入效应与对策研究——基于粮食安全的视角[J]. 经济问题探索,2010 (7)：103-107.

[51] 邹帆,鲁锐正. 关于完善我国农业防灾减灾体系的探究[J]. 农业经济与管理,2011(1)：76-81.

[52] 郝爱民. 农业健康发展需要劳动力的合理转移[N]. 光明日报,2005-11-8 (6).

[53] 冯婧,程兵芬,王坤,等.我国西南地区典型降雨特征——以贵州湄潭县为例[J].长江科学院院报, 2012,29(12)：1-4.

[54] 李仁莉. 湄潭县 2010 年冬春连旱气候特征及成因分析[J]. 现代农业科技,2016(16)：198-199.

[55] 李彬彬. 基于小波分析的威宁县非一致性干旱频率分布规律研究[C]. 中国自然资源学会水资源 专业委员会：中国水利水电出版社,2014：302-306.

[56] 徐选林. 兴仁县水资源开发利用现状及对策[J]. 中国水运(下半月),2009,9(5)：133-134.

[57] 王蒙. 从水利设施建设现状看当前武陵山区农村公共物品供给困境——以贵州省铜仁地区思南县 为例[J]. 法制与社会,2012(17)：213-214.

[58] 李佳. 贵州省玉米干旱灾害风险评估[D]. 郑州. 华北水利水电大学,2016.

[59] 张泽中,李佳,徐建新.基于 GIS 的贵州省玉米干旱灾害风险评估[J].华北水利水电大学学报(自 然科学版),2016,37(2)：28-32.

[60] 阮甜,高超,许莹,等.基于条件降水温度指数的淮河蚌埠闸以上流域冬小麦旱涝特征研究[J].华 北水利水电大学学报(自然科学版),2018,39(3)：38-45.

[61] ALLEN R G, PEREIRA L S, RAES D, et al. Crop evapotranspiration-Guidelines for computing crop water requirements FAO irrigation and drainage paper 56[M]. Rome；FAO,1998.

[62] 高晓容,王春乙,张继权,等.近 50 年东北玉米生育阶段需水量及旱涝时空变化[J].农业工程学 报,2012,28(12)：101-109.

[63] 徐凤琴.有效降水量浅析[J].气象水文海洋仪器,2009,26(1)：96-100.

[64] 张泽中,袁义杰,谷红梅,等.贵阳烟草生长期内旱涝急转特征分析[J].灌溉排水学报,2019,38 (10)：32-39.

[65] 魏新光,王铁良,李波,等.辽宁省玉米地水分盈亏时空分布特征及灌溉模式分区研究[J].农业工 程学报,2018,34(23)：119-126.

[66] 张波,裴兴云,曹华,等.贵州烤烟需水量及灌溉需求指数特征[J].水土保持研究,2019,26(5)：

215-221.

[67] 刘荣花. 河南省冬小麦干旱风险分析与评估技术研究[D]. 南京:南京信息工程大学,2008.

[68] 朱自玺,刘荣花,方文松,等. 华北地区冬小麦干旱评估指标研究[J]. 自然灾害学报,2003(1):
145-150.

[69] 高丽华. 基于 Jensen 模型的冬小麦非充分灌溉研究[D]. 天津:天津农学院,2014.

[70] 周琴慧,冯诚,慎东方,等. 黔中地区烤烟耗水规律研究[J]. 人民珠江,2018,39(4):32-34,53.

[71] 范晓慧. 不同水分胁迫下青贮玉米需水量及优化灌溉制度的分析研究[D]. 呼和浩特:内蒙古农业
大学,2013.

[72] 钟华. 湖北省不同生态型烟区烟草优化灌溉制度研究[D]. 南京:河海大学,2006.

[73] 汪正鑫,张建军,李晓峰,等. 烟水配套工程项目建后管护存在的问题及对策[J]. 现代农业科技,
2016(24):174,176.

[74] 黄庆群. 浅谈烟水配套工程管护工作存在问题和对策[C]. 中国烟草学会 2016 年度优秀论文汇
编—烟草农业主题:中国烟草学会,2016:291-296.

[75] Mishra A K, Singh V P. A review of drought concepts[J]. Journal of Hydrology, 2010, 391: 202-216.

[76] 闫昕旸,张强,闫晓敏,等. 全球干旱区分布特征及成因机制研究进展[J]. 地球科学进展,2019,34
(8):826-841.

[77] 尹晗,李耀辉. 我国西南干旱研究最新进展综述[J]. 干旱气象,2013,31(1):182-193.

[78] 秦大河,丁一汇,王绍武,等. 中国西部环境变化与对策建议[J]. 地球科学进展,2002,17(3):
314-319.

[79] Georgi B, Isoard S, Kurnik B, et al. Urban adaptation to climate change in Europe: Challenges and
opportunities for cities together with supportive national and European policies[J]. 2012.

[80] 沈彦军,李红军,雷玉平. 干旱指数应用研究综述[J]. 南水北调与水利科技,2013,11(4):
128-133.

[81] Esfahanian E, Nejadhashemi A P, Abouali M, et al. Development and evaluation of a comprehensive
drought index[J]. Journal of Environmental Management, 2017, 185: 31-43.

[82] 孙洋洋. 渭河流域气象与水文干旱时空演变特征[D]. 西北农林科技大学,2018.

[83] Li R H, Chen N C, Zhang X, et al. Quantitative analysis of agricultural drought propagation process in
the Yangtze River Basin by using cross wavelet analysis and spatial autocorrelation[J]. Agricultural and
Forest Meteorology, 2020, 280: 107809.

[84] Motlagh M S, Ghasemieh H, Talebi A, et al. Identification and analysis of drought propagation of
groundwater during past and future periods[J]. Water Resources Management, 2017, 31: 109-125.

[85] 赵林. 不同类型干旱的演进过程及基本规律研究——以泾河流域为例[D]. 北京:北京师范大
学,2012.

[86] 胡彩虹,赵留香,王艺璇,等. 气象、农业和水文干旱之间关联性分析[J]. 气象与环境科学,2016,
39(4):1-6.

[87] 方宏阳. 黄河流域多时空尺度干旱演变规律研究[D]. 邯郸:河北工程大学,2014.

[88] 黄河流域及西北片水旱灾害编委会. 黄河流域水旱灾害[M]. 郑州:黄河水利出版社,1996.

[89] 中华人民共和国水利部. 2010 年中国水旱灾害公报[R]. 中国水利部公报编辑部.

[90] 杨胜天,刘昌明,孙睿. 黄河流域干旱状况变化的气候与植被特征分析[J]. 自然资源学报,2003,
18(2):136-141.

[91] 彭高辉,夏军,马秀峰,等. 黄河流域干旱频率分布及轮次数字特征分析[J]. 人民黄河,2011,33
(6):3-6.

[92] 王劲松,李耀辉,王润元,等. 我国气象干旱研究进展评述[J]. 干旱气象,2012,30(4):497-508.

[93] 韦开,王全九,周蓓蓓,等. 基于降水距平百分率的陕西省干旱时空分布特征[J]. 水土保持学报, 2017,31(1):318-322.

[94] 王文静,延军平,刘永林,等. 基于综合气象干旱指数的海河流域干旱特征分析[J]. 干旱区地理, 2016,39(2):336-344.

[95] Palmer W C. Meteorological drought[M]. US Department of Commerce, Weather Bureau Washington, DC, 1965.

[96] Mckee T B, Doesken N J, Kleist J. The relationship of drought frequency and duration to time scales [C]. Anaheim, California: Eighth Conference on Applied Climatology, 1993, 17-22.

[97] Vicente-Serrano S M, Beguería S, López-Moreno J I. A multiscalar drought index sensitive to global warming: The Standardized Precipitation Evapotranspiration Index[J]. Journal of Climate, 2010, 23: 1696-1718.

[98] Guo H, Bao A M, Liu T, et al. Spatial and temporal characteristics of droughts in Central Asia during 1966—2015[J]. Science of the Total Environment, 2018, 624: 1523-1538.

[99] Wells N, Goddard S, Hayes M J. A Self-Calibrating Palmer Drought Severity Index[J]. Journal of Climate, 2004, 17: 2335-2351.

[100] Zarch M A, Sivakumar B, Sharma A. Droughts in a warming climate: a global assessment of standardized precipitation index (SPI) and reconnaissance drought index (RDI)[J]. Journal of Hydrology, 2015, 526: 183-195.

[101] 张利利,周俊菊,张恒玮,等. 基于SPI的石羊河流域气候干湿变化及干旱事件的时空格局特征研究[J]. 生态学报,2017,37(3):996-1007.

[102] 杨庆,李明星,郑子彦,等. 7种气象干旱指数的中国区域适应性[J]. 中国科学:地球科学,2017, 47(3):337-353.

[103] Dubrovsky M, Svoboda M D, Trnka M, et al. Application of relative drought indices in assessing climate-change impacts on drought conditions in Czechia[J]. Theoretical and Applied Climatology, 2009, 96: 155-171.

[104] 史尚渝,王飞,金凯,等. 基于SPEI的1981—2017年中国北方地区干旱时空分布特征[J]. 干旱地区农业研究,2019,37(4):215-222.

[105] 王兆礼,黄泽勤,李军,等. 基于SPEI和NDVI的中国流域尺度气象干旱及植被分布时空演变[J]. 农业工程学报,2016,32(14):177-186.

[106] 王林,陈文. 标准化降水蒸散指数在中国干旱监测的适用性分析[J]. 高原气象,2014,33(2): 423-431.

[107] Tan C P, Yang J P, Li M. Temporal-Spatial Variation of Drought Indicated by SPI and SPEI in Ningxia Hui Autonomous Region, China[J]. Atmosphere, 2015, 6: 1399-1421.

[108] Tirivarombo S, Osupile D, Eliasson P. Drought monitoring and analysis: Standardised Precipitation Evapotranspiration Index (SPEI) and Standardised Precipitation Index (SPI)[J]. Physics and Chemistry of the Earth, 2018, 106: 1-10.

[109] Parente J, Amraoui M, Menezes I, et al. Drought in Portugal: Current regime, comparison of indices and impacts on extreme wildfires[J]. Science of the Total Environment, 2019, 685: 150-173.

[110] Bae S, Lee S, Yoo S, et al. Analysis of drought intensity and trends using the modified SPEI in South Korea from 1981 to 2010[J]. Water, 2018, 10: 327.

[111] 沈国强,郑海峰,雷振峰. SPEI指数在中国东北地区干旱研究中的适用性分析[J]. 生态学报,

2017,37(11):1-9.

[112] 张玉静,王春乙,张继权. 基于 SPEI 指数的华北冬麦区干旱时空分布特征分析[J]. 生态学报, 2015,35(21):7097-7107.

[113] 李军,王兆礼,黄泽勤,等. 基于 SPEI 的西南农业区气象干旱时空演变特征[J]. 长江流域资源与 环境,2016,25(7):1142-1149.

[114] McClaran M P, Wei H. Recent drought phase in a 73-year record at two spatial scales: Implications for livestock production on rangelands in the Southwestern United States[J]. Agricultural and Forest Meteorology, 2014, 197: 40-51.

[115] 朱晓萌,张泽中,袁义杰,等. 基于水分亏缺率的贵州地区烟草干旱指标[J]. 水利水电科技进展, 2021,41(5):30-40.

[116] 李宝玉,朱晓萌,冯凯,等. 贵州省气象干旱特征时空演变规律及联合发生概率分析[J]. 华北水 利水电大学学报(自然科学版),2021,42(6):42-48.

[117] 王飞,王宗敏,杨海波,等. 基于 SPEI 的黄河流域干旱时空格局研究[J]. 中国科学:地球科学, 2018,48(9):1169-1183.

[118] Manzano A, Clemente M A, Morata A, et al. Analysis of the atmospheric circulation pattern effects over SPEI drought index in Spain[J]. Atmospheric Research, 2019, 230: 104630.

[119] Yang Y, Gan T Y, Tan X Z. Spatiotemporal changes of drought characteristics and their dynamic drivers in Canada[J]. Atmospheric Research, 2020, 232: 104695.

[120] Gupta V, Jain M K. Investigation of multi-model spatiotemporal mesoscale drought projections over India under climate change scenario[J]. Journal of Hydrology, 2018, 567: 489-509.

[121] Dorjsuren M, Liou Y A, Cheng C H. Time series MODIS and in situ data analysis for Mongolia drought [J]. Remote Sensing, 2016, 8: 509.

[122] Winkler K, Gessner U, Hochschild V. Identifying droughts affecting agriculture in Africa based on remote sensing time series between 2000—2016: rainfall anomalies and vegetation condition in the context of ENSO[J]. Remote Sensing, 2017, 9: 831.

[123] 陈斌,张学霞,华开,等. 温度植被干旱指数(TVDI)在草原干旱监测中的应用研究[J]. 干旱区地 理,2013,36(5):930-937.

[124] 李兴华,李云鹏,杨丽萍. 内蒙古干旱监测评估方法综合应用研究[J]. 干旱区资源与环境,2014, 28(3):162-166.

[125] 刘宪锋,朱秀芳,潘耀忠,等. 农业干旱监测研究进展与展望[J]. 地理学报,2015,70(11): 1835-1848.

[126] 陈修治,苏泳娴,李勇,等. 基于被动微波遥感的中国干旱动态监测[J]. 农业工程学报,2013,29 (16):151-158.

[127] Cong D M, Zhao S H, Chen C, et al. Characterization of droughts during 2001—2014 based on remote sensing: A case study of Northeast China[J]. Ecological Informatics, 2017, 39: 56-67.

[128] Kogan F N. Remote sensing of weather impacts on vegetation in non-homogeneous areas[J]. International Journal of Remote Sensing, 1990, 11: 1405-1419.

[129] Kogan F N. Droughts of the late 1980s in the United States as derived from NOAA polar-orbiting satellite data[J]. Bulletin of the American Meteorological Society, 1995, 76: 655-668.

[130] Kogan F N. Application of vegetation index and brightness temperature for drought detection[J]. Advances in Space Research, 1995, 15: 91-100.

[131] Sandholt I, Rasmussen K, Andersen J. A simple interpretation of the surface temperature/vegetation

index space for assessment of surface moisture status[J]. Remote Sensing of Environment, 2002, 79: 213-224.

[132] Fu G B, Chen S L, Liu C M, et al. Hydro-climatic trends of the Yellow River Basin for the last 50 years[J]. Climatic Change, 2004, 65: 149-178.

[133] Mendicino G, Senatore A, Versace P. A Groundwater Resource Index (GRI) for drought monitoring and forecasting in a mediterranean climate[J]. Journal of Hydrology, 2008, 357: 282-302.

[134] Landerer F W, Swenson S C. Accuracy of scaled GRACE terrestrial water storage estimates[J]. Water Resources Research, 2012, 48: W04531.

[135] Zhu Y L, Chang J X, Huang S Z, et al. Characteristics of integrated droughts based on a nonparametric standardized drought index in the Yellow River Basin, China[J]. Hydrology Research, 2015, 47: 454-467.

[136] Ma F, Luo L F, Ye A Z, et al. Drought characteristics and propagation in the semiarid Heihe River Basin in Northwestern China[J]. Journal of Hydrometeorology, 2019, 20: 59-77.

[137] Potopová V, Štěpánek P, Možný M, et al. Performance of the standardised precipitation evapotranspiration index at various lags for agricultural drought risk assessment in the Czech Republic[J]. Agricultural and Forest Meteorology, 2015, 202: 26-38.

[138] 王劲松,李忆平,任余龙,等. 多种干旱监测指标在黄河流域应用的比较[J]. 自然资源学报, 2013,28(8):1337-1349.